著・岸 啓介
Keisuke Kishi

説得力が劇的アップ

プレゼン上手の一生使える資料作成入門 完全版

インプレス

一発OKが出る資料の

10箇条

1. 「だからどうしたい」が明確
2. 相手のメリットが提示されている
3. 結論に至るまでのストーリーが見える
4. 目次スライドを活用している
5. メッセージの補強要素が盛り込まれている

まずはココを覚えるだけでも
資料がみるみる変わります

6 各スライドの意図がはっきりしている

7 ゆとりあるレイアウトで見やすい

8 キーワードは3回、繰り返す

9 まとめスライドで印象が残る

10 頭から終わりまでブレていない

はじめに

どんな資料でも「伝わる資料に改善できる」

資料を作っていて、みなさんは「何だか、思っていたように進まないなぁ」と感じたことはありませんか。頭の中であれこれ思い浮かべている時点では、何となく内容を理解しているつもりでも、実際形にしてみると、思ったほど内容に密度がなかったり、わかりやすくなかったり、よさが伝わらなかったりするものです。ものごとを知っているからといって、それを人にうまく教えられるとは限りません。「知っている」ということと、「伝えて説明できる」ということには、同じようでいてとても大きな差があるのです。

そうこうしているうちに時間ばかりが経って、あせってやみくもに作り進めた結果、中途半端な内容のスライドだけが山のようにできてしまったというのもよくある話です。

私はふだんIT企業で、シニアコーポレートアーティストとして、各種資料のデザインをはじめ投資家向け決算資料や顧客向け提案資料、社内向け業務資料などさまざまな資料作成についてのアドバイスを行ったり、そのポイントをマニュアルにまとめたりする仕事をしています。手戻りを少なくしたい、図解を見やすくしたい、ストーリーをもっとわかりやすく伝えたい…。要望はさまざまですがそれらの問題は、ちょっとしたコツや押さえておくツボを知っているだけで、大きく改善される場合が数多くあります。

この本は、日ごろ私のもとに寄せられる資料作成についての悩みや質問をメインに、実際によくあるものをビフォー・アフター形式で簡潔にまとめたものです。ポイントを最小限に絞っていますので、一般的な資料作成の解説本にハードルの高さを感じている方々にも、今すぐ活用していただけます。

今回、完全版の制作にあたっては、2017年3月に発表した本書の初版『一生使えるプレゼン上手の資料作成入門』で、特に需要の多いグラフや表に関するトピックを追加しました。多様な種類があるグラフの特徴や使い分け方についてや、それらのグラフを使用したサンプルスライドを題材に、どのような問題が起きがちで、どのようにすれば解決できるかをまとめています。そして表についても、実務でより効果的に要点を伝えられるポイントを収録しました。

また、本書全体の構成も再構築を行いました。資料のストーリー組み立てから各要素のレイアウト編集、そして応用までの流れがよりスムーズに習得できるようになっているため、資料作成のスキルが着実に向上することでしょう。

効率的な作業で、より深くわかりやすい資料ができあがることを願っています。

本書オリジナル特典

メッセージが伝わる資料を作る

情報整理シート

資料作成時の情報整理に役立つ著者オリジナルの
「情報整理シート」を提供いたします。
スライドのレイアウトサンプルも同封しているので、
レイアウトを元に情報を埋めると資料の軸がしっかりまとまります。

ダウンロード方法

https://book.impress.co.jp/books/1123101071

How to

1. 上記サイトにアクセス
2. データをダウンロード
3. 完了！

- 特典のPowerPointデータは、Windows版Microsoft 365での動作を確認しております。お使いのPCのOSや環境によってはレイアウトが崩れたり文字の表示が異なる場合があります。
- ダウンロードできる特典データは、個人でのご利用に限ります。有償、無償にかかわらず、データを配布する行為やインターネット上にアップロードする行為、販売行為は禁止いたします。また本データのご利用によって、あるいは利用できなかったことによって発生したお客様のいかなる不利益も一切の責任を負いかねますので、あらかじめご了承ください。

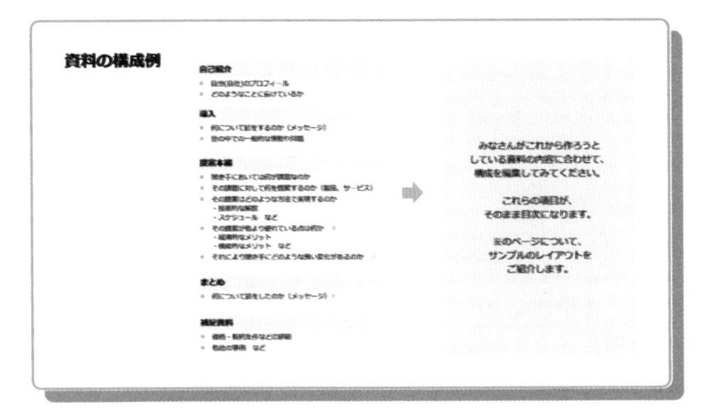

その提案が他より優れている点は何か

優れている点を3つ程度説明しましょう。
他にはない独自のポイント、他と比べて効率の良い機能、
複数の製品・サービス導入による連携効果、などを
ピックアップするとよいでしょう。

このスライドのまとめ（メッセージ）

これを埋めれば資料の
軸がサクッと決まる！

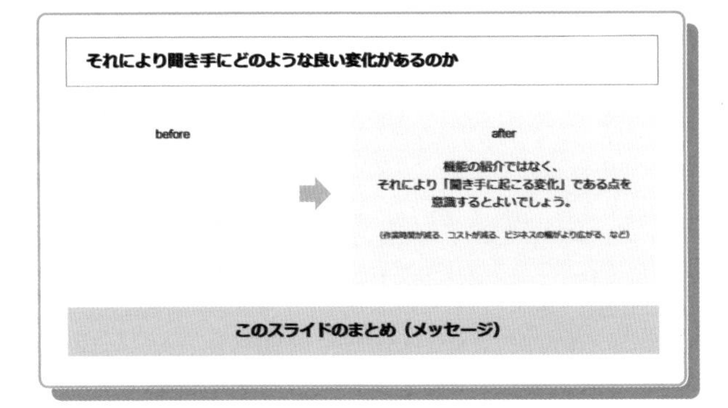

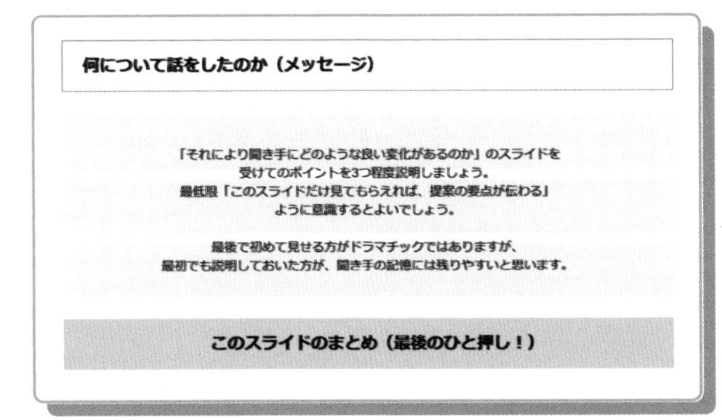

一生使えるプレゼン上手の資料作成入門　完全版

CONTENTS

INTRODUCTION

LESSON 1

LESSON 2

言いたいことが伝わるスライドの基本 049

LESSON 3

OKを引き出す! グラフと表の効果的な使い方 069

LESSON 6

LESSON 7

COLUMN

本書は、Microsoft 365を前提に解説しています。他のバージョンのPowerPointや他のプレゼンテーションソフトをお使いの場合は、機能名や操作方法が異なることがあります。また、本書の作例に登場する情報はすべて架空のものです。

INTRODUCTION

一発OKがもらえる資料とはどういうものか

こんな資料を作っていませんか?

NG 1 相手側のメリットが感じられない…

弊社からのメッセージ

弊社の製品を
ぜひぜひ今すぐご購入
ください !!!

NG 2 「結局どうしたい」という提案がない

弊社サービスの特長

充実の50機能！

- 機能01
- 機能02
- 機能03

どう使うかは
貴社次第！

実際に使うイメー
ジがわかないな…

すっきり改善！

OK 1 どのように相手のビジネスが素晴らしくなるかを提示しましょう！

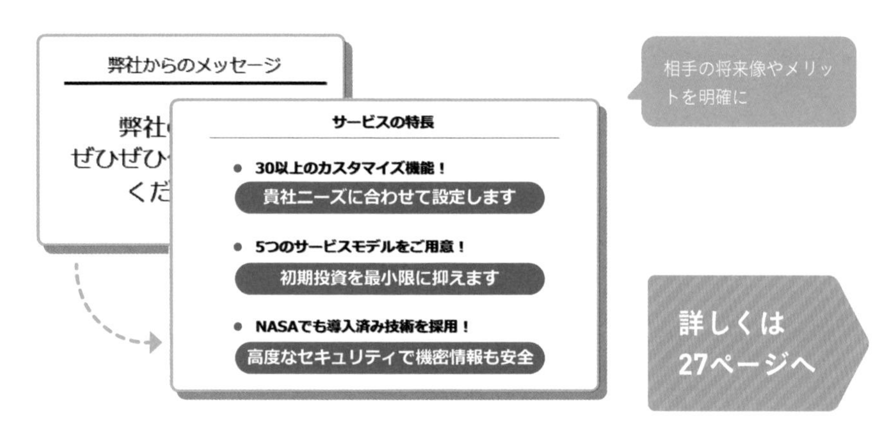

相手の将来像やメリットを明確に

詳しくは27ページへ

OK 2 製品紹介に終始せず、相手に寄り添う提案を！

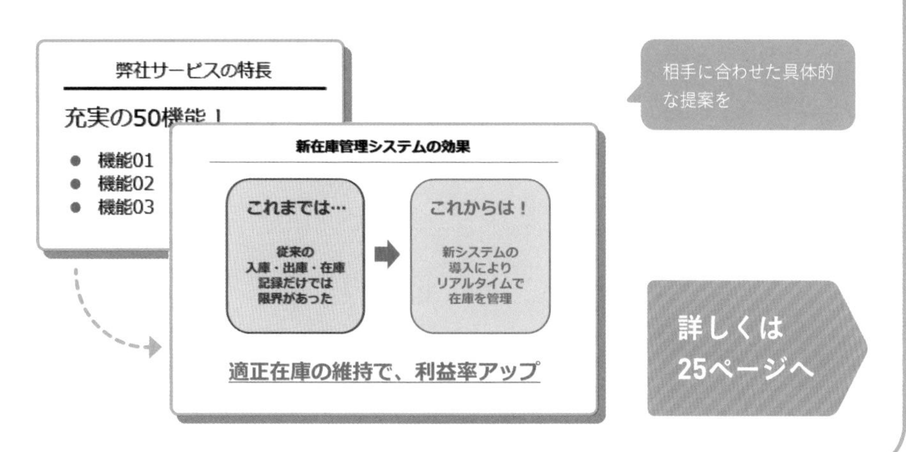

相手に合わせた具体的な提案を

詳しくは25ページへ

こんな資料を作っていませんか？

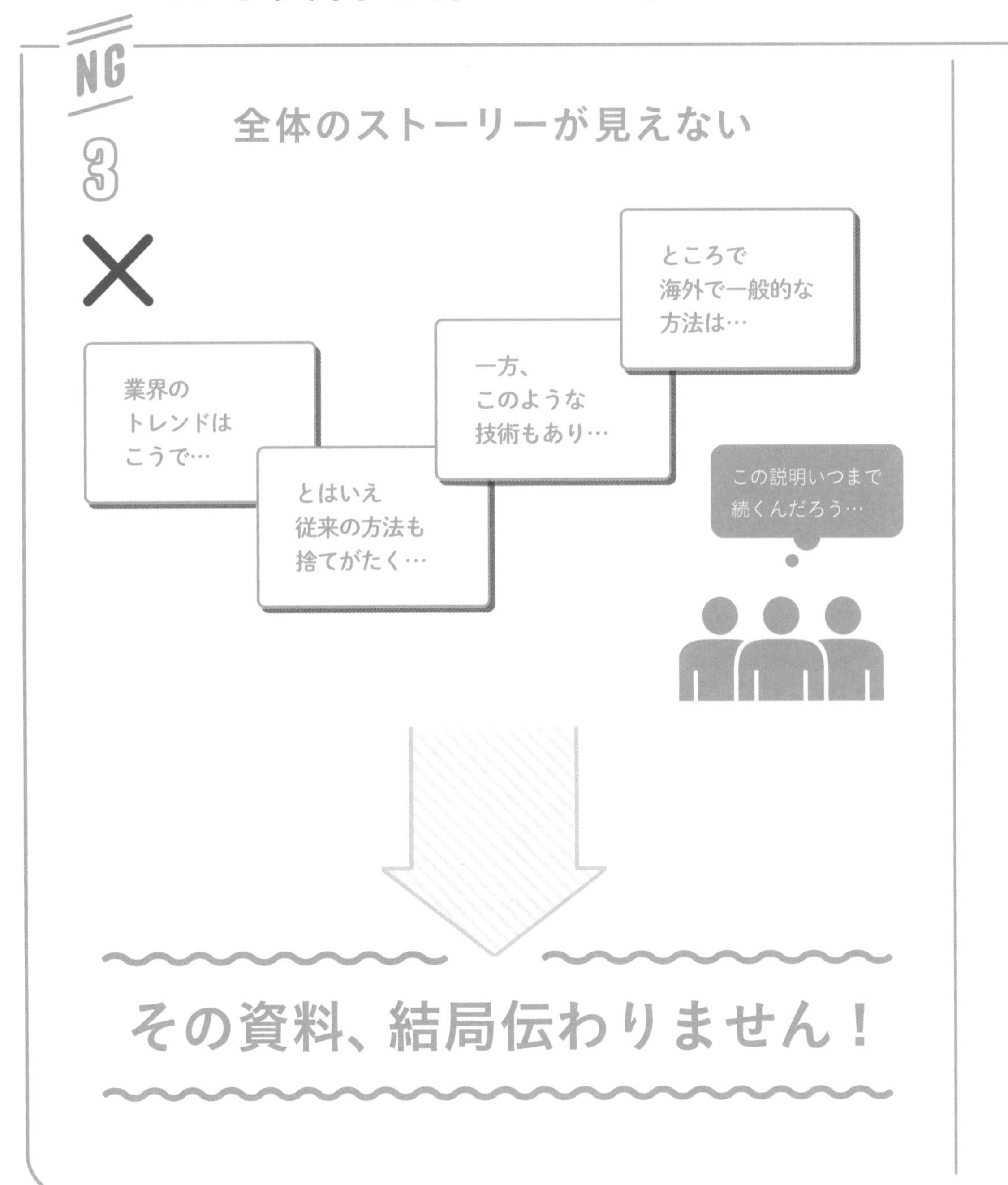

AFTER

すっきり改善！

OK
3
起承転結を考え、
目次を付けましょう！
お悩みでは
ありませんか？
課題を短期間で
解決！
弊社のサービス
ならば…
貴社は
ビジネス拡大に
専念できます！
OK!
詳しくは
34ページへ
一発OKがもらえる！

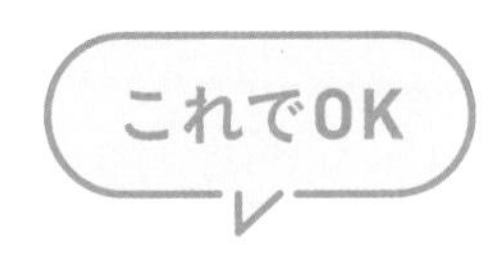

説得力のある資料はここが違う！

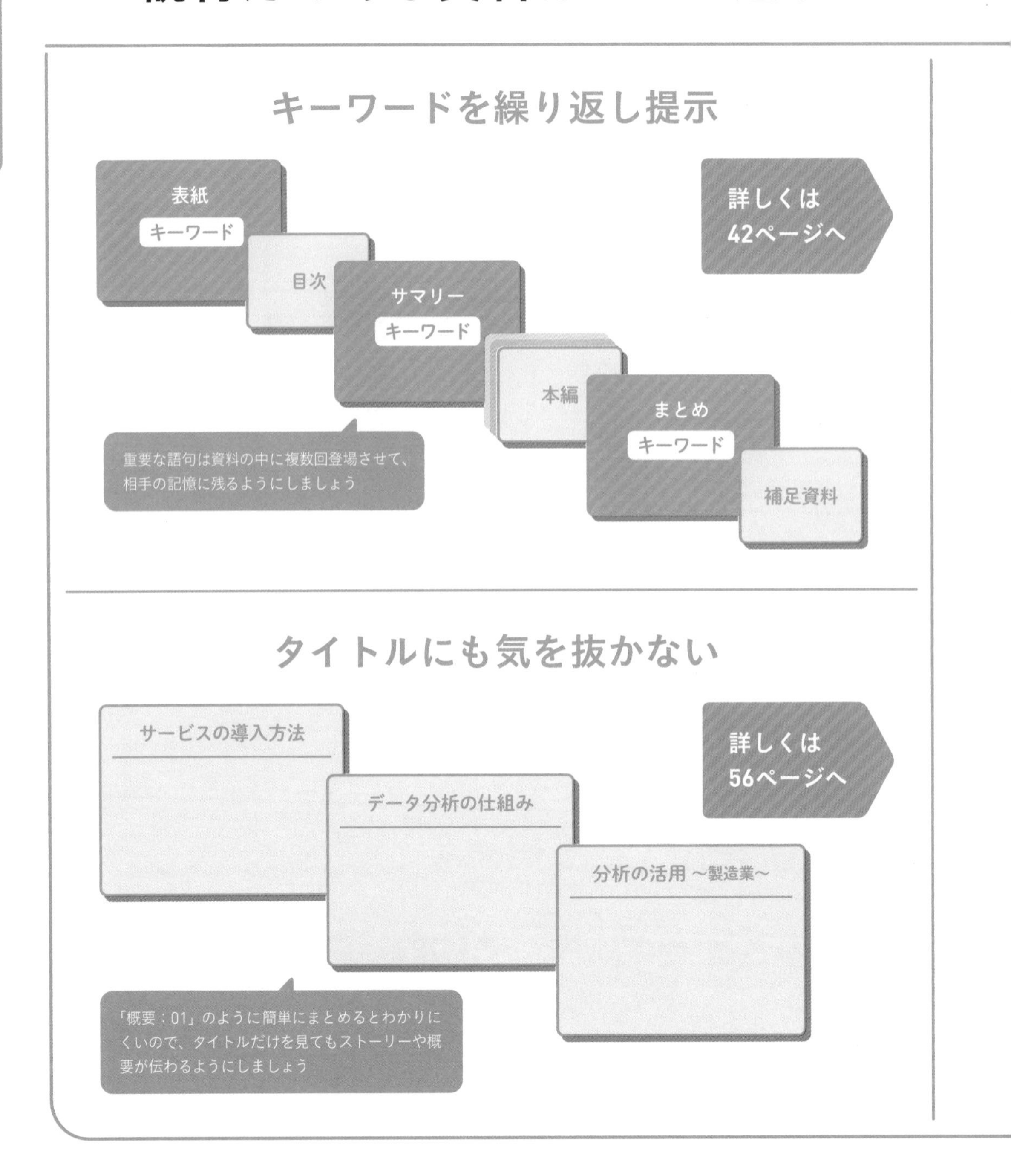

スライドに詰め込みすぎない

1スライド1トピックを基本に、余裕を持ったレイアウトで読みやすくしましょう

詳しくは
54ページへ

「何を言いたいデータか」を明確に

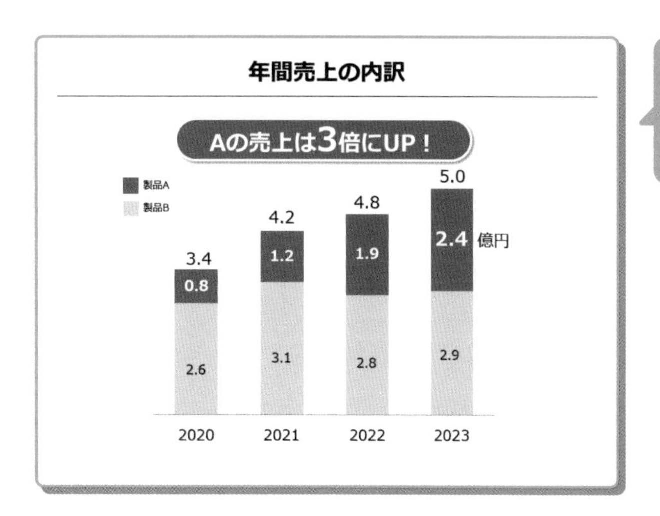

解釈を相手任せにせず、誰が見ても同じように理解できる資料にしましょう

詳しくは
76ページへ

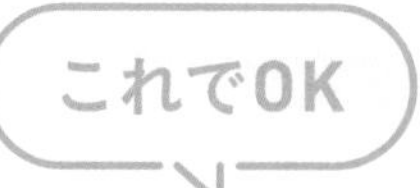
これでOK

考えることはこれだけ!

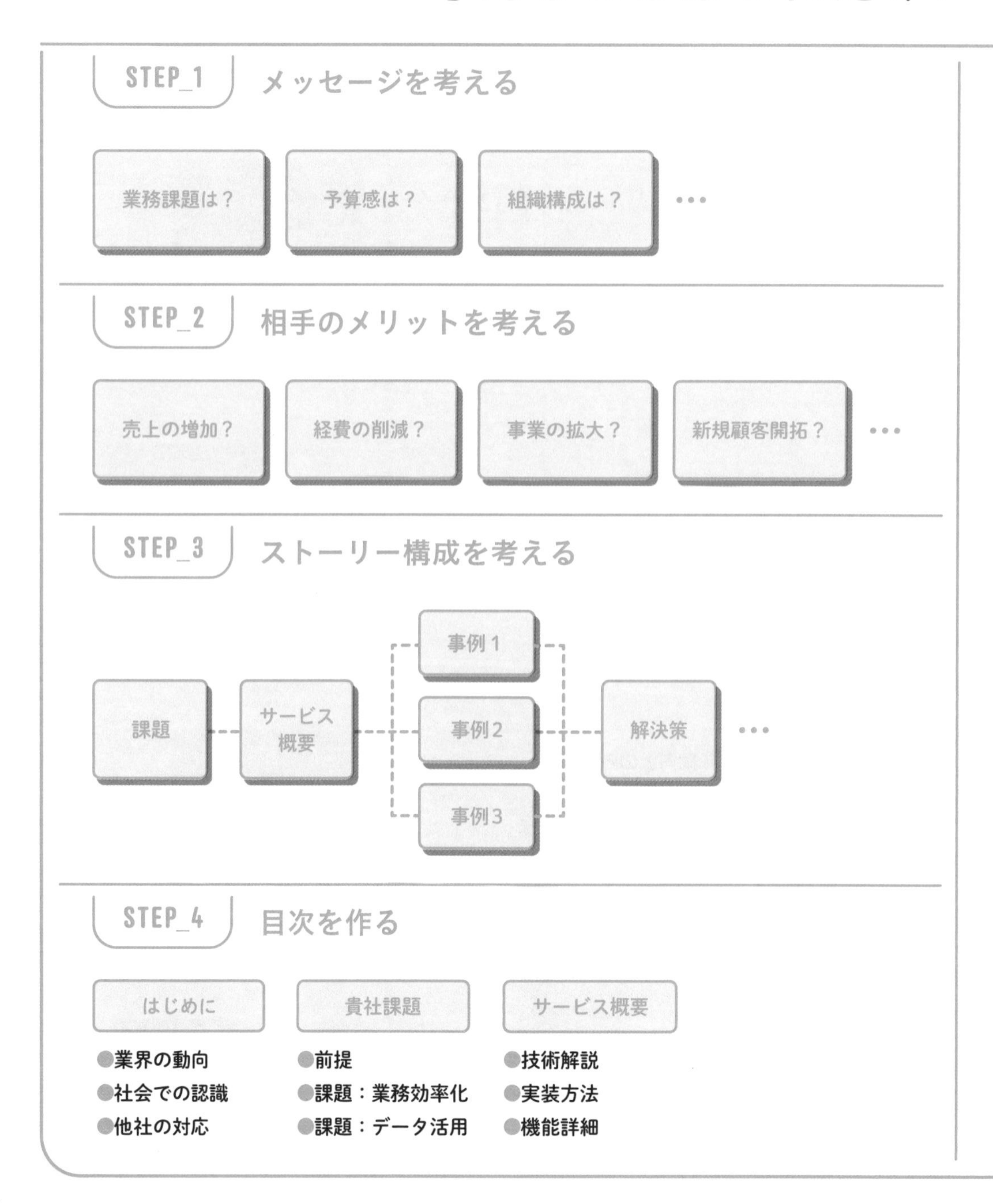
STEP_1
メッセージを考える
業務課題は？
予算感は？
組織構成は？
…
STEP_2
相手のメリットを考える
売上の増加？
経費の削減？
事業の拡大？
新規顧客開拓？
…
STEP_3
ストーリー構成を考える
課題
サービス概要
事例1
事例2
事例3
解決策
…
STEP_4
目次を作る
はじめに
業界の動向
社会での認識
他社の対応
貴社課題
前提
課題：業務効率化
課題：データ活用
サービス概要
技術解説
実装方法
機能詳細

資料作成 7 つのステップ

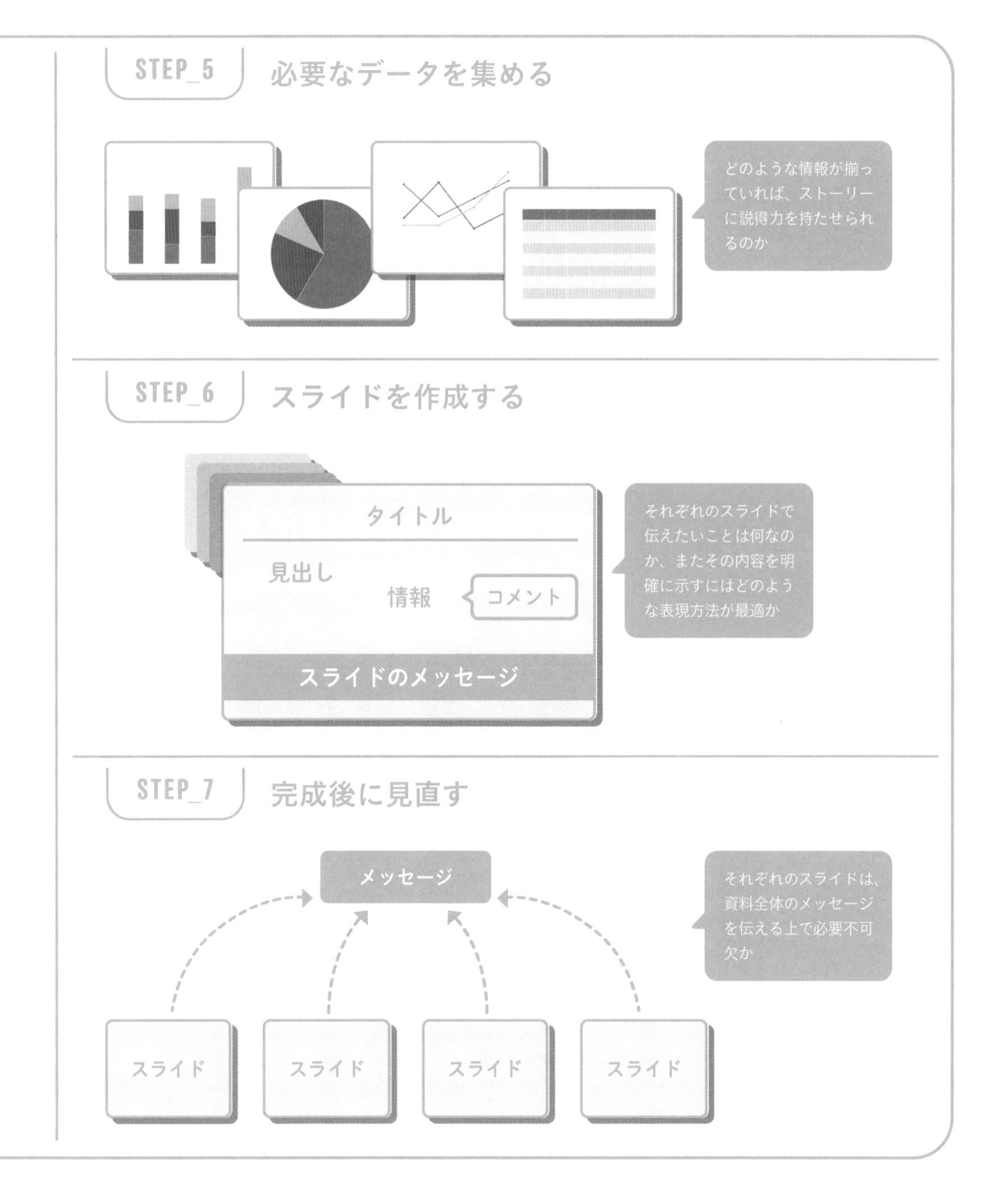

— COLUMN —

資料作りがうまくなると、何かメリットってある?

資料作りには、仕事で大切なことが詰まっている

他者との連携、思考力、調査など、仕事に役立つスキルが身に付く!

「資料作りがうまくなると、資料が早く作れるので早く帰れます」ということが言いたいわけではなくて、それ以外にも仕事に直結するいろいろなメリットがあります。というのも、資料作りには、会社で仕事を進めていく上で大切な要素が数多く含まれているからです。

まず、資料を作る前に構成を上司に確認してもらうことになるので、業務の前に事前確認をする習慣がつくようになります。そして、構成に沿って作り進める作業は、プロセスを意識した仕事をする基礎になるでしょう。また、資料に盛り込む情報を揃えるために同僚や他部署の人たちに分担や依頼をすることで、新しいネットワークができるかもしれません。

資料作りを極めて、より一層の仕事上手になりましょう!

LESSON 1

資料の「説得力」が高まる構成の基本

001 メッセージ

資料を作るとき、一番気をつけるべきことは？

「ただのカタログ資料」はNG！「メッセージ」を明確に

BEFORE

何を主張しているかが伝わりにくい

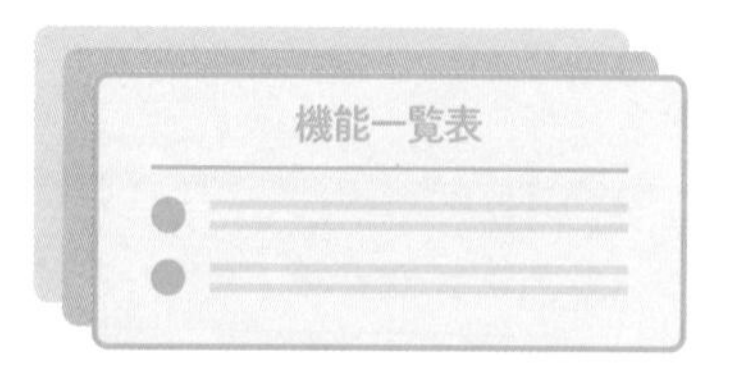

機能の詳細一覧を説明しただけで終わり

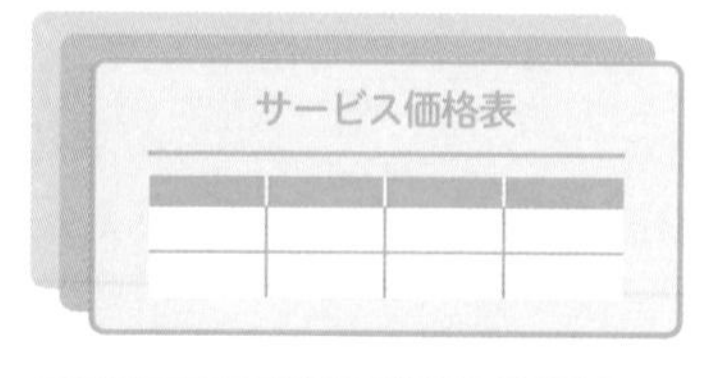

サービスの価格表を提示しただけで終わり

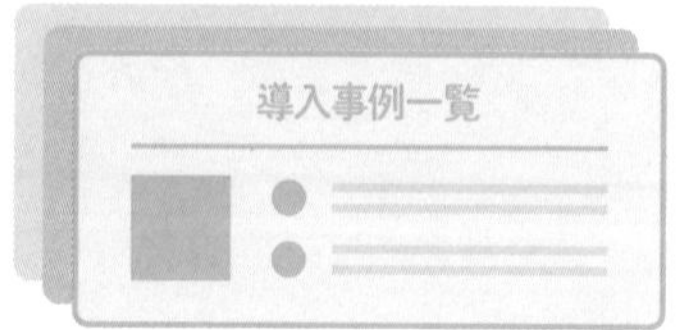

導入事例を紹介しただけで終わり

やってませんか？　情報収集や説明だけで終わる資料

あなたが取り扱うサービスや製品が素晴らしいものであれば、何もしなくても売れるかもしれません。ただし、プレゼン資料では、取り扱う物やサービスとはまた別に、資料に含まれる伝える側のメッセージそのものが力を持ちます。

間違った資料作りとしてよくあるのが、関連情報の収集・説明に終始するパターンです。例えば、製品の機能を順に詳しく説明してみたり、価格表を掲載し料金体系を説明したり、導入事例を紹介したりするだけで終わってしまうことはありませんか？　サービスカタログとしてはそれでもよいかもしれませんが、プレゼン資料としては、この資料を通して「何が言いたいのか」がわからないと、相手の意思決定を妨げます。プレゼン資料は、そこに意思がなければいけません。

POINT

- 「何かを説明しただけ」「情報を提示しただけ」の提案がない資料はNG
- その資料を通じて「何が言いたいのか」というメッセージを明確にしよう
- メッセージには伝える側の要望と相手のメリットの両方が含まれていると効果的

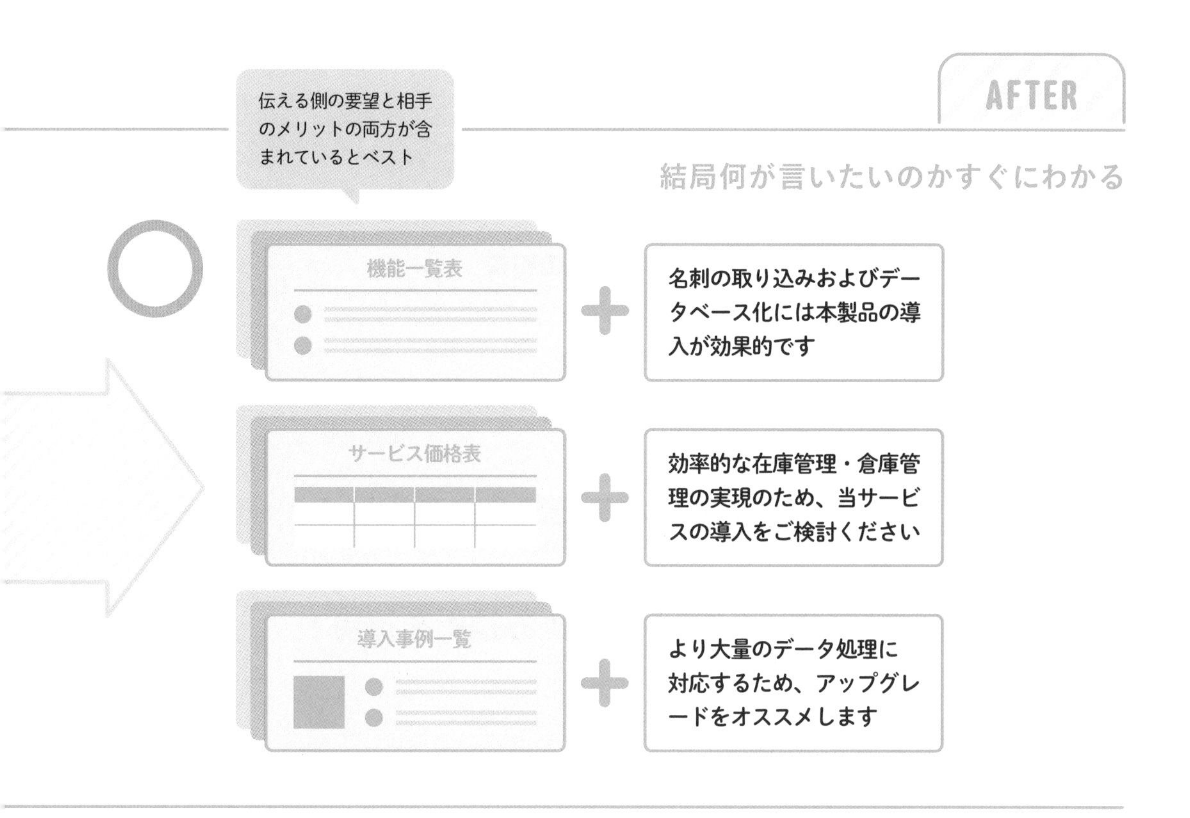

もちろん機能の紹介や価格、導入事例などは、相手が意思決定をするための重要な根拠となるので、消してしまう必要はありません。しかし、それらの後に、「だから何なのか」「結局何が言いたい」というメッセージを明確に示す必要があります。

メッセージには、伝える側の要望に加え、相手のメリットも含めると、相手の納得が得やすくなります。例えば、機能が増えたことでいかに効率化できるか、低価格によっていくらコストカットできるのか、相手の会社以外の大手企業での採用実績の多さやサポート体制が充実していて安心、などが該当します。これらのメッセージをしっかり決めることが、伝わる資料を作る第一歩であり、最も重要なことでもあります。

002 受け手目線

上司や顧客に響く資料の基本は？

伝わる資料は「相手ファースト」。相手のメリットを提示しよう

BEFORE

メリットがわからずピンとこない資料

「相手が望んでいる情報」を入れましょう

伝えたいメッセージが決まったとしても、自分の考えを主張するだけでは受け手はなかなか賛同してくれません。24ページでも述べたように、相手にメリットがあって初めて商談は成立します。社内向けの資料であれば、上司や経営者が納得する理由がなければ承認されません。

製品やサービス、企画を勧めたり提案したりする場合、ありがちなのがそのすごさだけをアピールしてしまうパターン。製品やサービスに特長があるのはよいことですが、相手の立場が考慮された内容でなければ、その魅力が伝わらない可能性があります。相手の課題に合致しているのかを検討する必要があるでしょう。製品やサービスの特長を示しつつ、かつそれが相手のビジネスにどれだけ変革をもたらすかイメージしてもらえる資料を目指しましょう。

POINT

- 自分の考えや提案内容のすごさをアピールしただけの資料はNG
- 相手が知りたいのは自分にとってのメリット。相手が望む情報を提示しよう
- 相手の立場や嗜好を考慮した内容だとベスト

AFTER

「これならいいかも！」と思える資料

自分のビジネスにどういうメリットがあるのかを提示してある

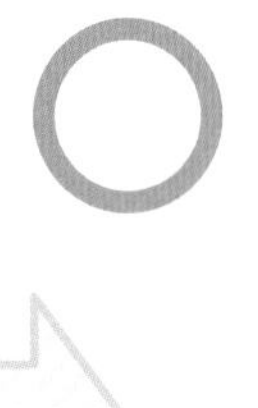

サービスの特長

- **30以上のカスタマイズ機能！**
  貴社ニーズに合わせて設定します
- **5つのサービスモデルをご用意！**
  初期投資を最小限に抑えます
- **NASAでも導入済み技術を採用！**
  高度なセキュリティで機密情報も安全

業務に役立つことやコスト感など、相手のツボを押さえている

その際、プレゼンをする相手のうち、メインの人物の立場や嗜好を考慮することも大事です。例えば、経営層と管理職、そして現場担当者では、会社の発展という大きな目的自体は同じでも、立場によって、重視しているポイントが異なります。詳しくは次の28ページで解説していますが、立場に応じたアプローチにすることで、その人にとってのメリットがイメージしやすく、OKがもらいやすくなります。

また、性格的な嗜好も重要です。新しいものが好きであったり、堅実なものが好きであったりと人によって刺さるポイントには違いがあります。事前にわかるようであれば考慮しましょう。プレゼンを聞く人が複数いる場合、意思決定者であるメインの聞き手の方向性を把握し、それを意識した資料にするのがオススメです。

003
ストーリー

プレゼン相手の心をより引き付けるには？

それ、誰に見せる資料ですか？相手に「刺さる」ストーリーのコツ

その人の立場に合わせた視点を取り入れる

同じ会社の中にいても、その人が置かれた立場によって、求めていることや重視するポイント、視点が異なります。その視点に応じた内容にすることで、より相手に響く資料になります。

例えば経営者向けは、経営戦略の推進や経営思想に直結する内容にするとよいでしょう。管理職は社内稟議を通しやすいかを気にすることが多いので、コスト感などを明確にするのがオススメです。現場担当者の場合は、具体的に現場にどう役立つかを気にしやすいので、使いやすさや作業効率化などをアピールしたり、具体的な製品やサービスの説明、仕様や機能、使い方を提示しましょう。あくまで一例ですが、相手の立場を考慮するだけで完成度が上がります。

経営層：経営視点を取り入れる

ログデータの解析で、新規顧客を開拓し、事業拡大に貢献！

管理職：稟議を通しやすいかどうか

保守費用ゼロで圧倒的なコスト削減を実現！

現場担当者：現場の仕事に役立つか

運用フローの改善で更新作業の手間を30%削減！

POINT

- 資料を見せる相手の立場に合わせた視点を取り入れよう
- 相手の社風や興味関心のあるテーマに合う提案を盛り込む
- 相手の嗜好に合わない資料は不安を与えることがあるので注意する

その人の嗜好をくすぐるのもひとつの手

意思決定には、立場に加え、その人の性格的な嗜好も影響します。そのため、その嗜好に合わせるのも効果的です。この場合、社風が影響してくることもあります。

例えば、新しいものが好きな相手なら最新の動向やトレンドなどを提示すると反応がよいでしょう。目立つことが好きな相手なら、「業界初の試み!」などチャレンジ精神や冒険心をくすぐるアピールが響きそうです。逆に、堅実なものが好きな相手なら、導入事例の多さや安定性などを示し、安心感を与えるのが得策です。逆に、「業界初」などは不安を与えかねません。相手に合わせた適切なアピールを心がけると、OKがもらいやすくなります。

新しいもの好き：トレンドを示す

米国の産学共同研究による
最新AI技術で
解析精度を20%アップ

目立つのが好き：業界初！　世界一！

業界初！
リアルタイムシステムで
確実な在庫管理を実現

堅実派：事例の多さ、安心感

官公庁を含む
1,200件以上で導入された
確かな実績

004 説得材料

イマイチ説得力に欠けると感じる…

メッセージを補強する要素を盛り込んで判断しやすく

BEFORE

「貢献する」って言われても根拠に欠ける

どんなシステムなのか、どう安定しているのかが不明

弊社ご提案

安定の販売管理システムで
貴社の売上拡大に貢献します！

採用すべきなのか判断材料に欠けるので、このままだと採用は見送り必須

相手にとっての判断材料を提供しよう

資料作成で一番重要なのは、その資料を通して一番言いたい結論、つまりメッセージです。そのため、極論から言えば、資料にはメッセージさえあれば最低限の要素は満たしていると言えます。しかし、ただこちら側の言いたいことだけを伝えたところでそれに興味を示してくれる相手はそうそういないでしょう。

メッセージをわかりやすく伝え、そして賛同してもらうためには、そのメッセージを補強する要素を加えましょう。**補強要素があることで、なぜそのメッセージが重要なのか、提案であればなぜそれを採用すべきなのかが明確になり、**説得力が生まれます。

補強要素を盛り込む際に重要なのが、「伝えたいこと」と「相手のメリット」の両面を意識すること。右の表のように、**相手の悩みや疑問**

POINT

- 一番伝えたいこと＝メッセージは、それだけだと相手に興味を示してもらえない
- メッセージを補強する要素を加えると根拠が明確になり説得力大
- 「伝えたいこと」「相手のメリット」の両面を補強する要素だとベスト

AFTER

提案したいシステムの特長を盛り込んだことで、相手のメリットが明快に

メッセージに説得力が生まれた！

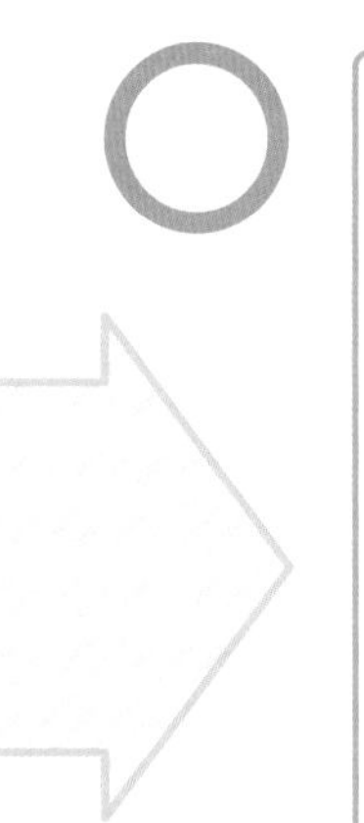

弊社ご提案

24時間
サポート

安定の販売管理システムで
貴社の売上拡大に貢献します！

に対応する形で、それを解消する補強要素を加えると、相手に納得してもらいやすくなります。その際、シェアや導入件数などの数値ならグラフ、サービスの特長や拡張性なら図解など、内容に応じた見せ方にしましょう。

資料のメッセージを決めたら、そのメッセージに説得力を与え、賛同してもらうにはどんな追加要素が必要かを事前に洗い出しましょう。

相手の悩みと対応する補強要素例

聞き手の悩み	補強要素
どこも一緒じゃないの？	類似サービスとの機能比較
少数派にはなりたくない	サービスのシェア状況
実験台はイヤだな…	導入件数グラフ
信用できるサービスなの？	導入企業一覧
トラブルがあると面倒だ	サポート体制
採用してもすぐ古くなりそう	拡張性

005 情報整理

資料を作っている途中で辻褄が合わなくなりがち

資料作成は下準備が命！いきなり資料を作り始めない

BEFORE

行き当たりばったりで作ると…

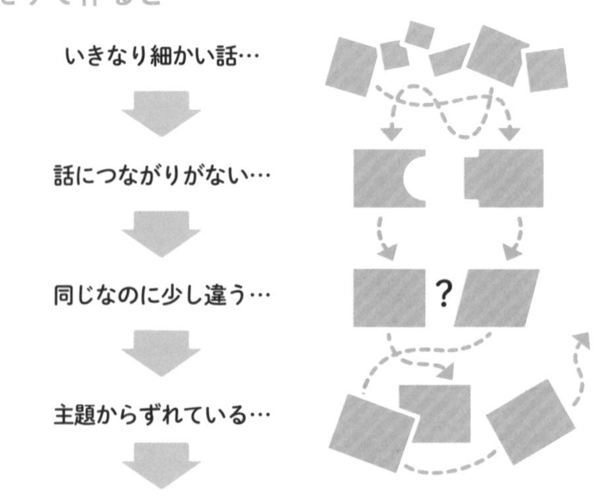

パワポを動かす前に、頭を動かす

メッセージを伝えるためにどのような要素が必要かだいたいの見当がついたら、次にそれらをどのように並べるか考えましょう。

よくありがちなのが、いきなりパワーポイントを起動して、１つ１つのスライドを作り始めたり、詳細な文章を書き始めたりすること。しかし、このように初めから細部を行き当たりばったりで作ってしまうと、上の左の図のように、いきなり細かい話から始まって相手を混乱させたり、全体につながりがなく説得力に欠けたり、本来の主題から外れたり…といいことがありません。辻褄が合わない資料や展開の流れが悪い資料の大半は、この行き当たりばったりで作ってしまうことが原因。また、作業に無駄が増え、余計な時間がかかりやすいです。

そこで、１つ１つのスライドを作り始める前

POINT

- いきなりパワーポイントで作り始めると流れの悪い資料になりやすい
- 手描きでもよいので短い言葉と図形などを使って大まかな展開をざっくり作る
- 起承転結を意識し、最終的に一番言いたいメッセージに収束させる

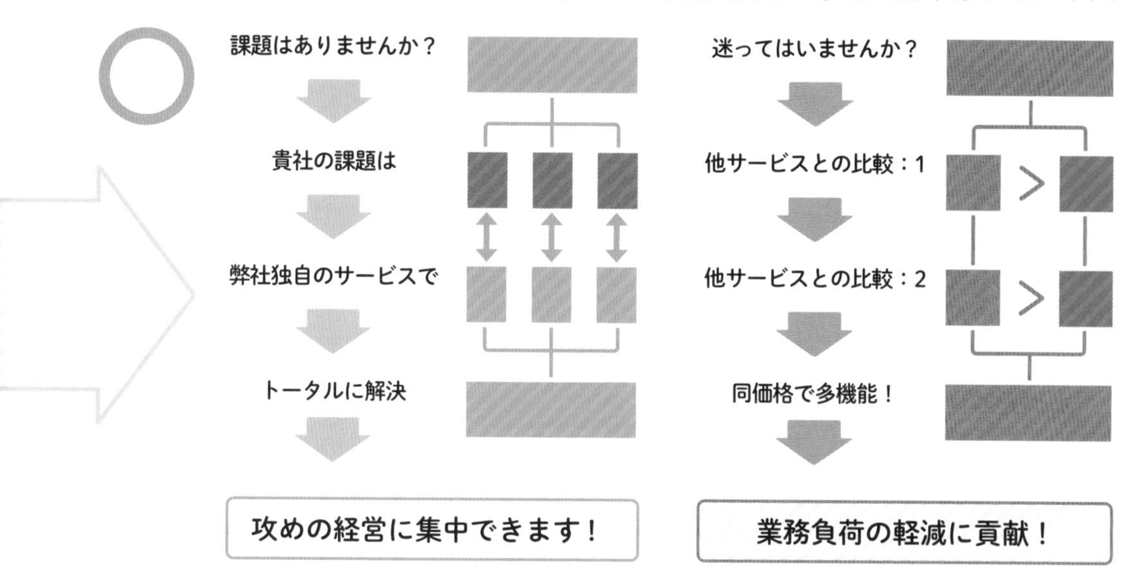

に、まずは大まかな展開を考えましょう。上の右の図を見てください。あくまで一例ですが、ここでは大まかな展開を短い言葉と図形に置き換えて考えています。この段階で文章にしてしまうと言葉の選択に悩んだり、つい細かいところに目がいったりしてしまうため、あまり詳細な文章は考えず、**「俯瞰的」にざっくりとした展開**を考えましょう。コツは、箇条書きなどを使い、**10文字以内で言い表せる言葉で作る**ことです。短い言葉であれば、順番を入れ替えるのが容易なので、構成作りを行いやすいです。絵画に例えるならば、下絵前の構図を決める段階だと言えます。

ストーリーとしての起承転結を意識し、**最終的にメッセージへと収束するよう、過不足ない構成**を考えましょう。

006 構成の基本

相手に理解されやすくなる構成の基本とは

構成は「目次」「本編」「まとめ」の3パートでバッチリ

BEFORE

資料の全体像→根拠や提案→結論

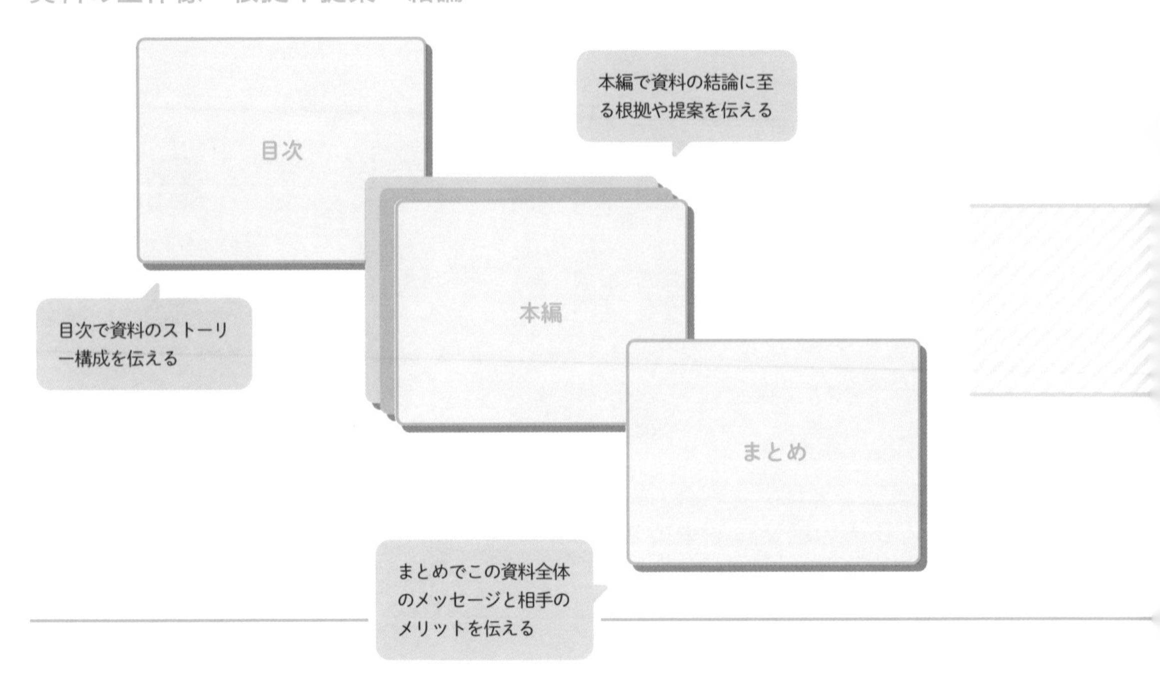

説得力を生み出す基本の3パートを覚えよう

資料の構成は大きく「目次」「本編」「まとめ」の3つに分かれます。

目次は、資料全体のストーリー構成を伝える役割を持っています。相手がここでだいたいの展開を把握できれば、本編の理解が大幅に促進されることでしょう。

本編は、まとめ（結論）のメッセージを伝えるための現状把握や問題点の指摘、解決方法やその根拠などを提示するための部分です。まとめの内容にどれだけ説得力を持たせられるかが、この部分の完成度にかかっています。

そして最後のパートがまとめです。ここまでのすべての資料がそもそもここで掲載するメッセージを伝えるためにあるわけですから、途中でぶれない確固たる内容にする必要があります。制作前の情報整理もこの3つの構成を意識する

POINT

- 目次は相手に全体像を把握してもらい、本編の理解を促進するのが目的
- 本編は、まとめ（メッセージ）を伝えるための課題や解決方法、根拠を示す
- 経営層など時間のない相手には冒頭の目次の後にサマリーを挟むと有効

AFTER

時間のない相手には冒頭にサマリーを

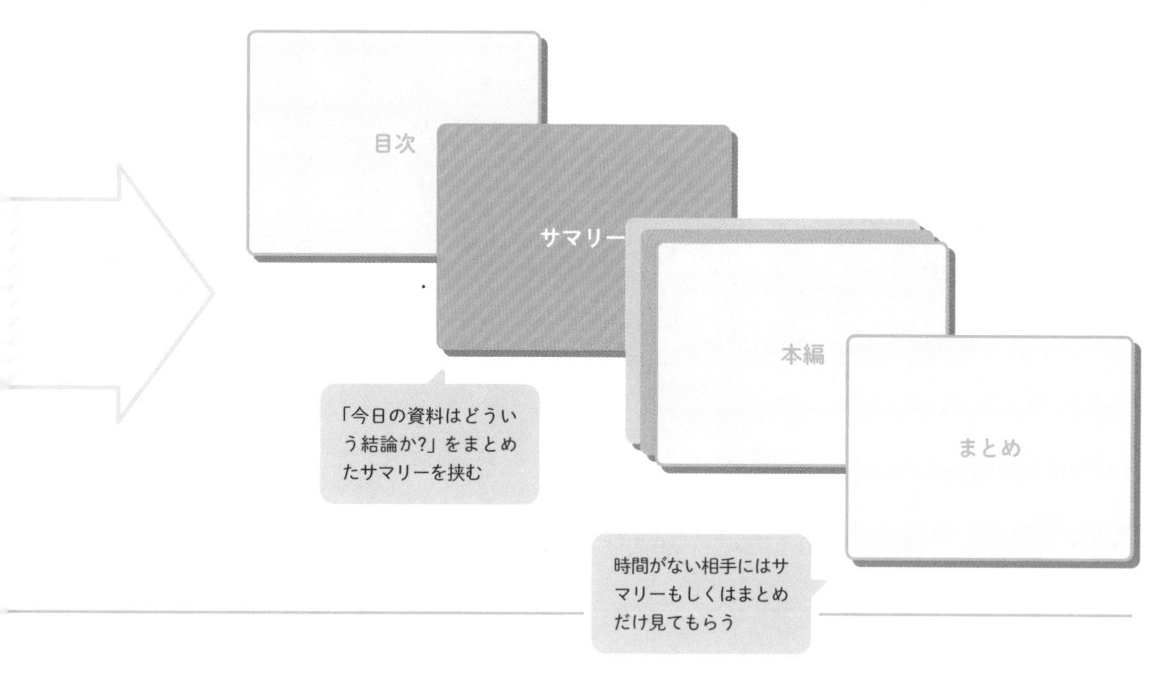

と整理しやすいです。

基本的に資料の構成は「目次」「本編」「まとめ」で十分ですが、もし本題の課題が複数あって本編が長くなる場合は、長時間最後まで聞かないと結論がわからないのも不親切です。目次の後に「今日の資料はどういう結論なのか」をまとめたサマリーを挟んで事前に資料のまとめを伝えてしまい、本編の後、再度まとめを提示するのも親切でしょう。時間がない相手、もしくは経営層などには、このサマリー（もしくはまとめ）のみ見てもらうのも有効です。

また、本編が長くなる場合の対応として、詳細なデータや具体例、社会動向などのより突っ込んだ情報は、まとめの後にアペンディクスとして補足資料を追加するのがオススメです（44ページ参照）。

007 目次

目次ってそもそもなぜ必要なの？

冒頭に目次を入れて資料の「全貌」を伝える

BEFORE

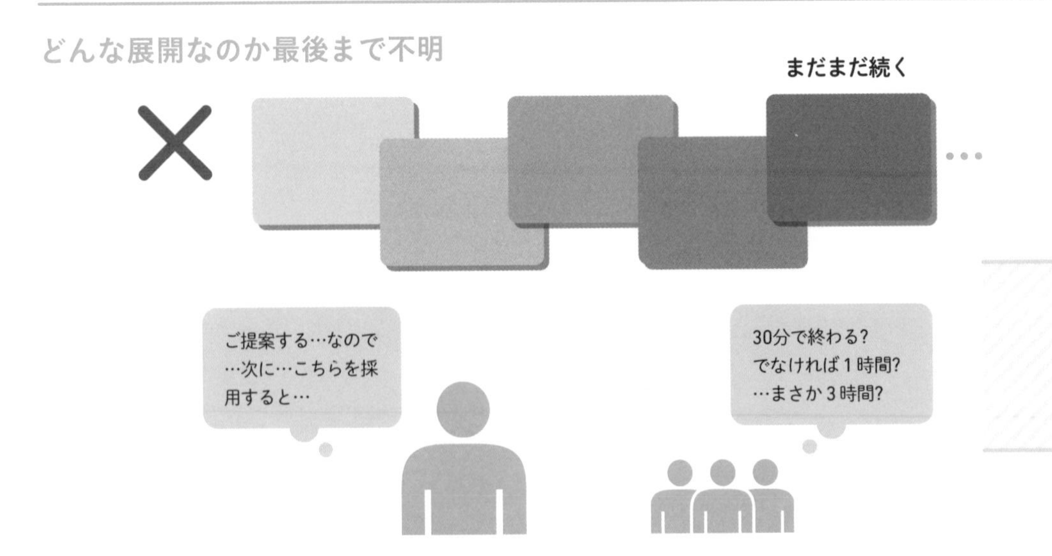

目次は円滑なコミュニケーションを助ける

「目次なんて、スライド枚数が増えてしまって無駄では？」「中身を見ればわかるだろうし…」と目次は不要だと思う人もいるかもしれません。しかし、**目次スライドは資料の全貌を把握してもらう**という大切な役割を持っています。

例えば顧客にプレゼンを行うシーンを考えてみましょう。自分はそれまでの長い時間を資料作成に費やしているため、話の構成や重要なポイントなどを十分に理解しています。しかし、相手にしてみれば初めて聞く話ですので自分とのスタートラインがまったく異なります。そのため、上の左の図のように自分がよどみなく話し続けたとしても、相手のほうは、展開が見えてこなければ**途中で聞くことに疲れたり飽きてしまったりする**可能性があります。

目次があれば、相手はプレゼンテーションが

POINT

- 目次がないと全貌がわからず、相手を疲れさせたり飽きさせたりしてしまう
- 目次があることで、概要を把握できるので安心できて、内容理解もスムーズ
- 時間がないときは目次から必要なところだけ選んで説明する

AFTER

展開がわかるので安心して話が聞ける

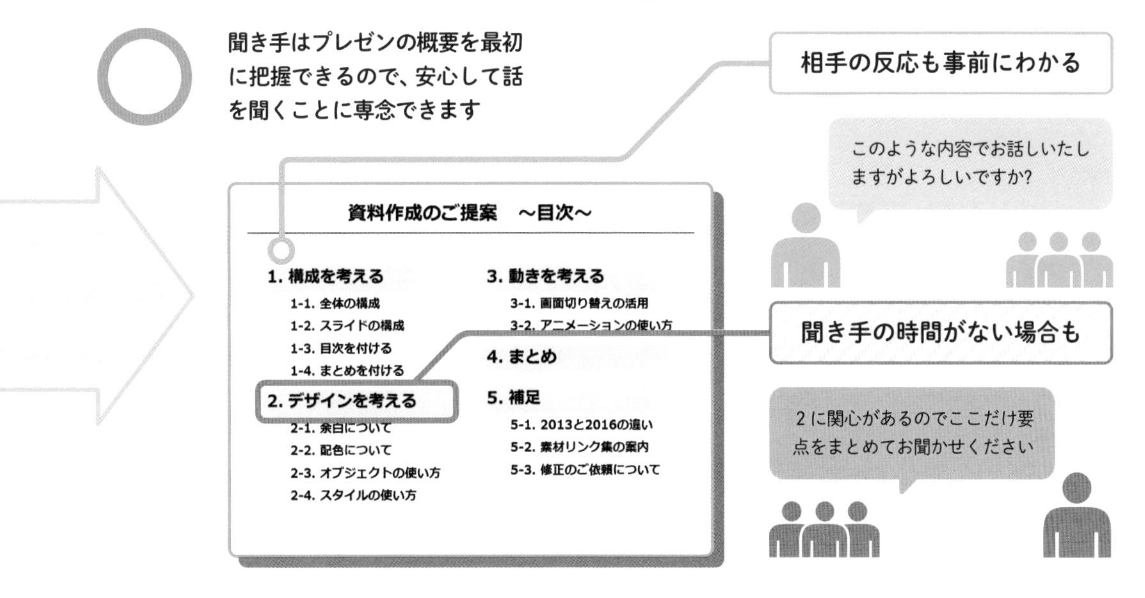

これからどのような展開になるのかがわかるため、どこへいくのか、いつ終わるのかという不安を感じることがなくなり、資料の内容に関心を寄せてもらいやすくなります。

プレゼンではなく対面で提案するような場合は、相手が特に知りたいことや重視していることを事前に把握できれば、目次を見てもらった上で、相手が知りたい部分を重点的に話すことも可能です。

もし時間がないと言われてしまった場合は、目次を見てもらって必要な部分だけをピックアップして説明し、残りは資料を見ておいてもらうという対応も可能です。

いずれにしても、目次を設けることは双方の円滑なコミュニケーションにとって非常に有効です。

「なるほど!」「これはよさそう!」を引き出す構成のコツ

提案は「課題・解決法・結論」のワンセット

BEFORE

課題と結論だけだと不安になる

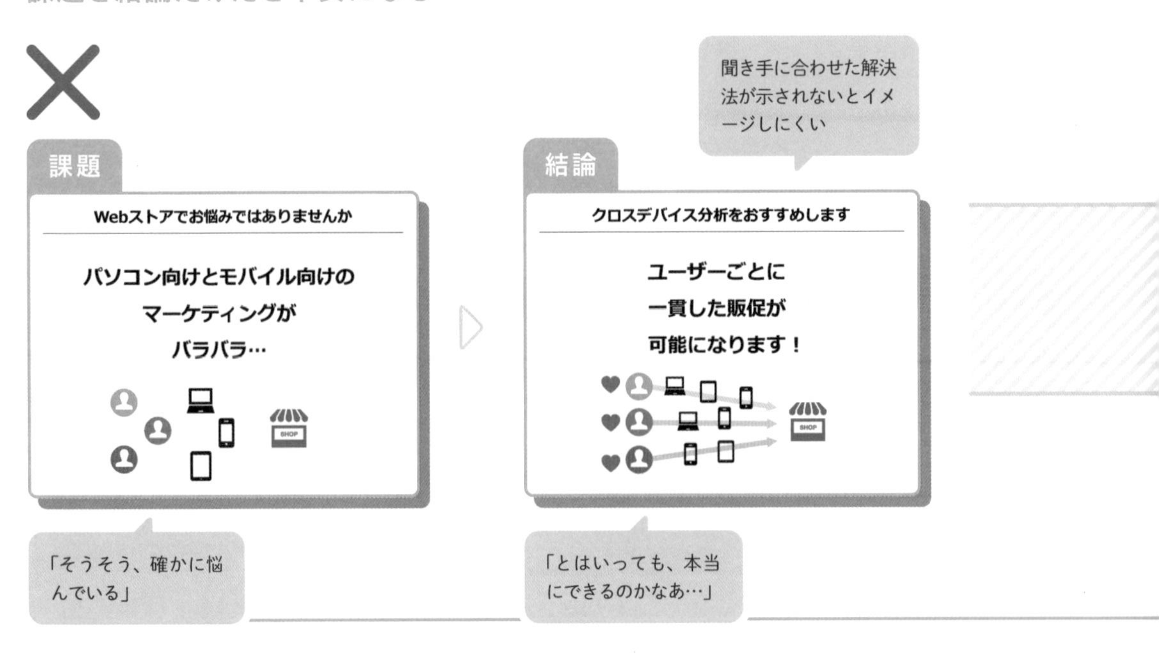

「どうやるのか」を必ず盛り込もう

上司やクライアントに提案を行う場合、「何か問題があり、それを解決する」ことが大半です。そのため、本編に課題と結論だけをシンプルに提示した資料はよく見られます。一見、課題と結論がずれてさえいなければそれで十分にも思えます。しかし相手にとっては、結論がいきなり示されただけでは、そこまでの道のりが見えないため、問題解決のイメージがわかず、本当にそこへたどり着けるのか不安になります。

そこで、**課題と結論の間に解決法を入れる**と、どうやってその結論に達するのかが明確になるため、同じ結論であってもずっと説得力が大きくなります。

解決法は、**相手の会社の組織構成や業務フローに合わせた具体的なもの**であると、相手はより具体的なイメージがわくので、その提案に強

POINT

- 課題と結論だけの本編だと、解決のイメージがわかず納得しづらい
- 課題と結論の間に解決法を入れることで問題解決のイメージがわく
- 解決法は、相手の実態に即したものだとリアリティが生まれ、説得力大

AFTER

解決法も提案されると納得！

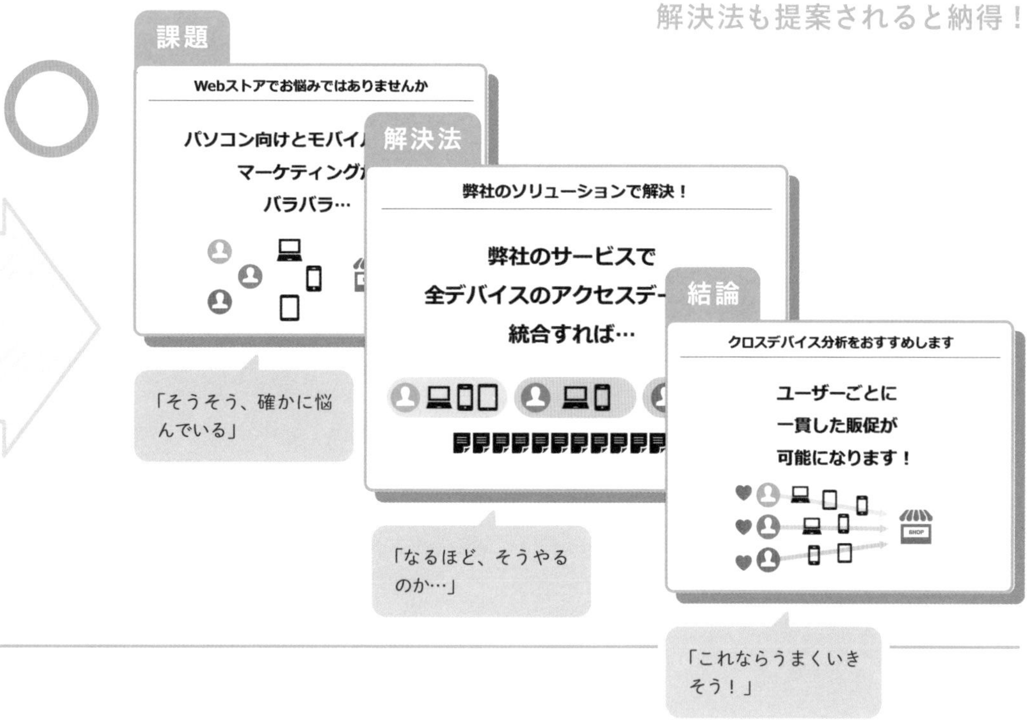

い説得力を感じるでしょう。例えば、ホームページの管理を課題としている会社に提案するケースを考えてみましょう。会社概要とIR情報が別仕様、運用マニュアルも別になっていて困っているので改善したいという課題があるとします。先方の具体的な意向は、全面リニューアルでもっと使いやすくしたいのか、マニュアルだけを共通にしたいのかなど、さまざまな事情が考えられます。

さまざまな企業に一律で見せるサービスカタログの場合は最大公約数的な売り文句（低価格であること、豊富な機能など）でよくても、提案用資料の場合はそういった個別の事情に即した提案であることが重要です。提案の前にどれだけその現状をヒアリングできるかで、資料の出来が大きく変わります。

まとめ

効果的な資料の締めくくりは？

「まとめスライド」でメッセージの印象を残す

BEFORE

「いきなり終わり」だとメッセージを忘れられやすい

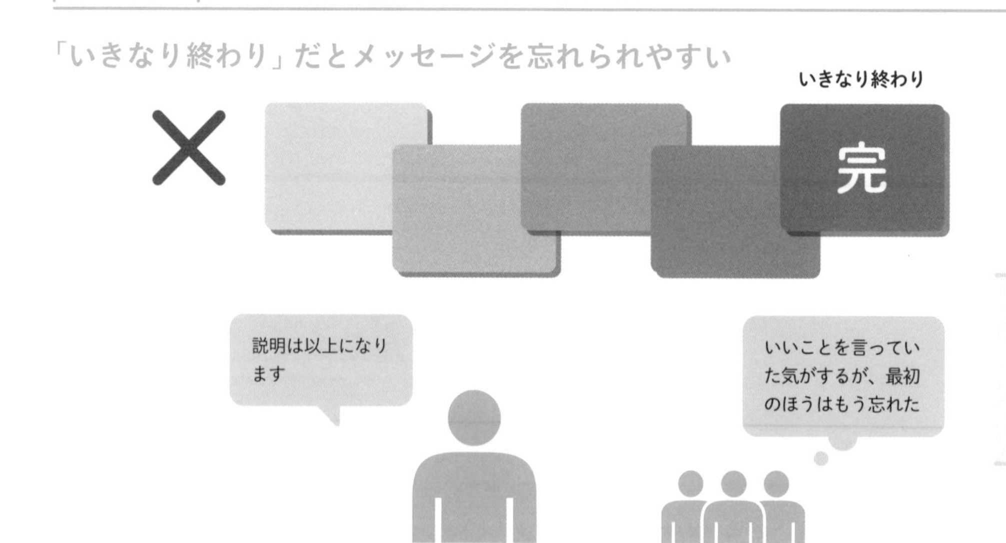

話し手には全貌が見えていても、聞き手がすべての内容を最後まで覚えているとは限りません

「もし1枚だけしか見てもらえないとしたら」を想定する

目次以上に重要なのが、まとめのスライドです。相手がプレゼンを最後まで聞いてくれたとしても、伝える側と同じレベルですべての内容を覚えているわけではありません。上の左の図のように、プレゼン終盤では途中の内容は忘れられてしまう可能性があります。もちろん、後で資料を見返せばわかるのですが、必ずしも相手が見てくれるとは限りません。今一度、資料全体を通して伝えたい内容を明示しておくほうが相手にとっても親切ですし、伝えたい内容を印象付けることができます。昔話に例えるなら、王子様が悪い怪物を倒したところで物語が終わりなのではなく、お姫様と幸せに暮らすところまでが語られてこそ、めでたしめでたしと言えるのです。プレゼンも同じで、まとめスライドでメッセージを再度相手に伝えてから完了なの

POINT

- まとめスライドがないと、一番言いたいことを相手に忘れられやすい
- 最後に資料全体を通して伝えたいことを提示するほうが、親切かつ印象に残りやすい
- 多忙な相手にも「この１枚だけで概要を理解してもらえる」ことを目指そう

AFTER

伝えたかったことをダイレクトに伝えやすい

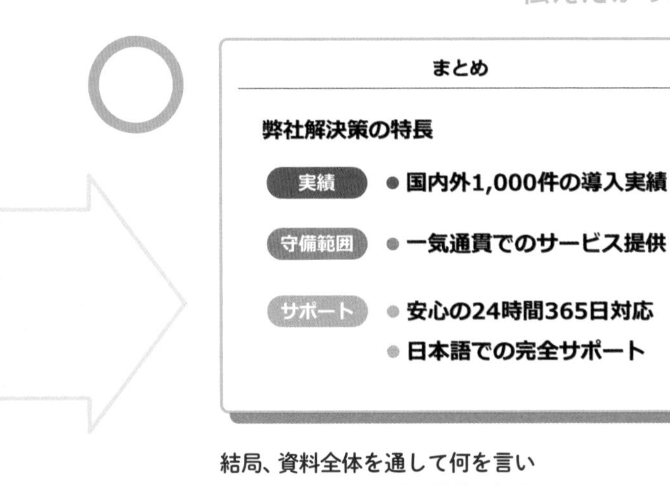

結局、資料全体を通して何を言いたかったのかを相手に最後に伝えることができるチャンスです

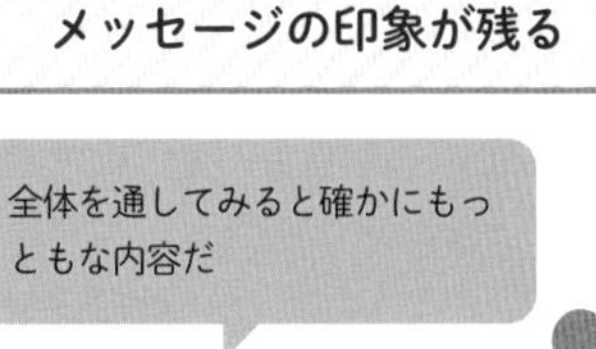

多忙な聞き手に対しても

この１枚だけでも目を通しておいていただけませんか

です。

まとめのスライドがあると、相手はそれまでのスライドで語られた内容を、ダイジェストで振り返ることができます。そのため、その資料のメッセージの印象が頭に定着しやすくなります。また、多忙な幹部、経営者などの相手に対しても、まとめだけは必ず目を通しておいてもらうようにお願いすれば、提案の概要を伝えることができます。それでもし興味を持ってもらえれば、きっと資料のその他のスライドにも目を通してくれることでしょう。

まとめスライドは、結局この資料で何が言いたいのかを伝える、絶好の、かつ最後のチャンスです。「もし１枚だけしか見てもらえないとしたら」という想定のもと、提案のエッセンスを凝縮したスライドを目指しましょう。

010 相手に大切なことを印象付けるには?

キーメッセージやキーワードは「3回」繰り返す

キーワード

BEFORE

1回しか出てこないと頭に残りにくい

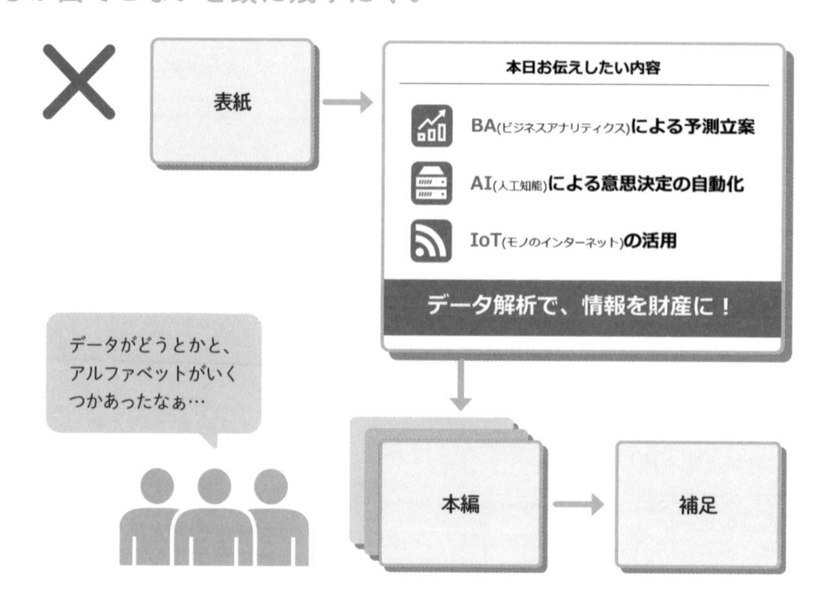

「やりすぎかな?」くらいでOK! 相手の頭に定着させよう

熟考して作り出したキーメッセージやキーワードは、できれば3回程度は繰り返して提示しましょう。まとめスライドではもちろん、サマリーや表紙などでも示して、それが資料を貫く柱であることをアピールすると相手の頭に残りやすくなります。資料の作り手とは違って相手は初見なのですから、「ちょっと繰り返しすぎたかな」というくらいでようやく頭の中に残ると考えましょう。

キーメッセージがたった一度しか出てこない資料は、最終的には相手の頭の中に大事なことが残りにくく、「そういえばこんなことを言っていたような…」くらいにしか覚えてもらえない可能性があります。

せっかくの力作であるキーメッセージを、1回だけしか出さないのはもったいないですよ!

POINT

- 重要なメッセージやキーワードは繰り返し登場させよう
- 表紙、サマリー、まとめスライドで3回程度提示するのがベスト
- 微妙に言い回しを変えると頭に残りにくいので、言い回しはすべて統一

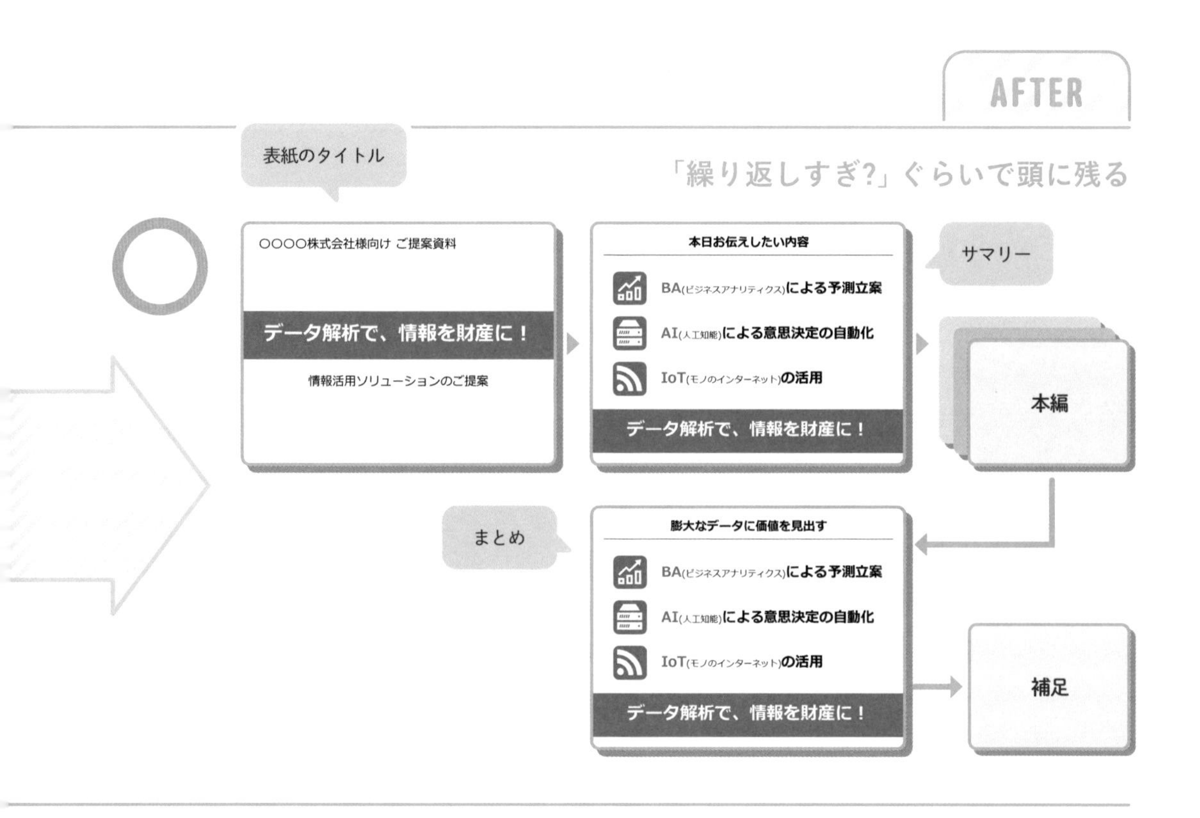

COLUMN

微妙に異なる言い回しは避けてきちんと統一！

✕ データ分析で、情報を財産に！

✕ 情報を財産にする、データ解析！

✕ データ解析で、情報価値を高める

せっかくのメッセージも、言い回しや言葉を微妙に変えてしまうと、頭に残りにくくなってしまいます。また、似ているのに微妙に違う言葉を使うと、メッセージが複数あるような印象を相手に与えてしまい、逆に混乱を招きます。繰り返す際は、すべて同じ言い回しや言葉で統一しましょう。

0111

補足情報

言いたいことがたくさんあって話があちこちに飛んでしまう

流れを止めてしまう情報は「補足」にまとめる

BEFORE

「話があっちこっち」スライド

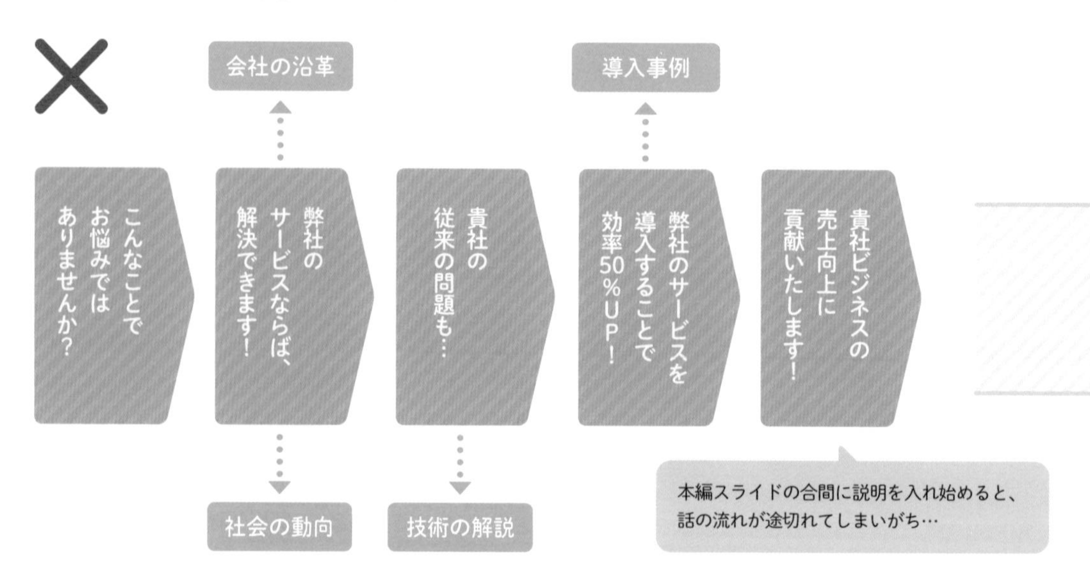

ごちゃごちゃ盛り込むより、思いきって分割!

資料作成のシーンで、説得力を持たせるために、詳しい情報を資料に入れ込むということはよく見られます。

ただ、いくら資料全体の構成がしっかりしていても、例えば技術的な解説や導入事例など、ストーリーの流れそのものではない要素が増えてくると、結果的に構成の骨子が見えにくくなります。かといって、それらの説明を一切省いてメッセージだけを主張するのも資料としては説得力が欠けてしまいます。

必要な情報を盛り込みつつも、ストーリーをしっかり伝えるには、思い切ってストーリーを伝える本編と情報を伝える補足資料に分けるのがオススメです。説明資料を後半に別紙の補足資料としてまとめることで、本編そのものはすっきりと伝えることができます。本編ではスト

POINT

- 話の途中でいろいろな説明が入りすぎると構成の骨子が見えにくくなる
- 本編にはストーリーを妨げない程度の説明だけを入れ、その他は補足資料にまとめる
- 補足資料も、大量に入れすぎるのは避けて、吟味した情報を入れる

AFTER

説得力をキープしつつ構成がすっきり！

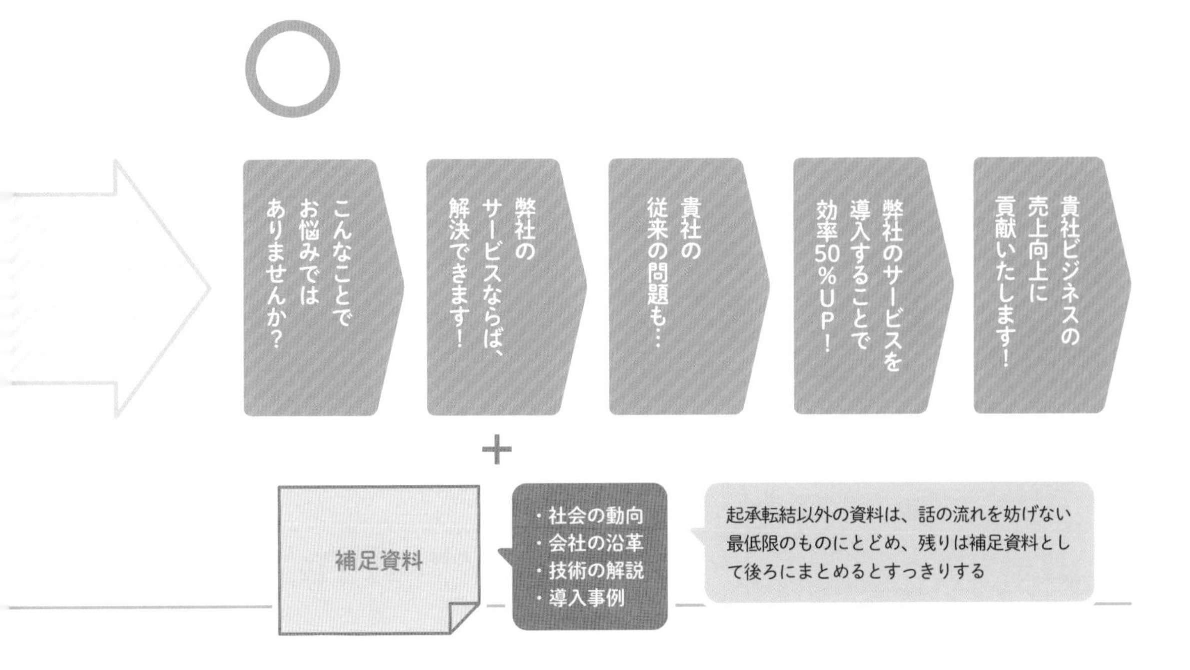

ーリーを理解する上で支障が出ない最小限度の説明を行い、その他の詳細は後半の補足資料を参照してもらうという構成です。

例えば、価格であれば本編では相手にとっていかに安くなるかだけ、機能であれば相手が欲しい3つだけに本編ではフォーカスし、サービス全体の価格体系や全機能は補足にまとめます。そうすれば、ストーリーはしっかりと理解してもらいながら、検討段階でより突っ込んだ情報を知りたいと言われた場合には補足を読んでもらえばOKです。

ただし、話の流れを妨げないからといって補足資料に大量の資料を入れるのは、やはり相手にとって負担になってしまいます。できる限り、吟味した情報だけをまとめるように心がけましょう。

012 設計図

上司にいつもプレゼン直前に作り直しを命じられる

メモ帳であらかじめスライド一覧を作る

BEFORE

資料の方向性を決める設計図を作る

資料作成に入る前の設計図作り

いきなり資料を作り始めるのではなく、メモ帳などでタイトルをリストアップして構成を検討することをオススメします

スライド一覧を作るメリット

- 実際の資料を作成する前に関係者の理解を得やすい
- 構成や方向性の変更もまだこの時点なら簡単
- 大まかなページ数が把握できる

また一般的には、要素を書いた付箋を並べて検討するという方法もよく用いられます

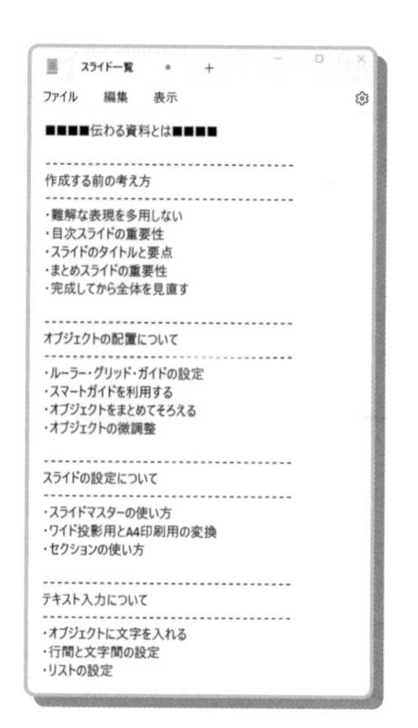

あらかじめ上司や関係者に見せると効率アップ！

大まかなストーリーの展開が決まったら、それを元に、どのようなスライドを作るかをメモ帳などで一覧にしながら決めておき、具体的な構成を考えましょう。後々のスライドの作り込みの時間を考えると、手間と感じるかもしれませんが、それは大きな間違いです。上司や関係者の承諾を得ないままとりあえずスライドを作り始めた場合、もし、全面的にNGが出たら、構成を一から再検討してスライドを作り直すことに。もしそれがプレゼン前日だと大変です。

でも、この一覧を先に作っておけば、スライド作成の時間を浪費する前に、スライド一覧を上司や関係者に見てもらって、方向転換が可能です。また、大まかなページ数が把握できるので、実際に資料作成に入る前に資料の規模が見極めやすくなり、作業効率が上がります。

POINT

- 大まかなストーリー展開を元に、メモ帳などでスライドのタイトル一覧を作る
- 完成後の方向転換を防止し、事前に資料の規模が見極められて作業効率アップ
- 〆切までの中間地点で上司や関係者から意見や承諾をもらえると理想的

AFTER

スライド一覧がそのまま目次に

目次

伝わる資料とは

作成する前の考え方
- 難解な表現を多用しない
- 目次スライドの重要性
- スライドのタイトルと要点
- まとめスライドの重要性
- 完成してから全体を見直す

オブジェクトの配置について
- ルーラー・グリッド・ガイドの設定
- スマートガイドを利用する
- オブジェクトをまとめてそろえる
- オブジェクトの微調整

スライドの設定について
- スライドマスターの使い方
- ワイド投影用とA4印刷用の変換
- セクションの使い方

テキスト入力について
- オブジェクトに文字を入れる
- 行間と文字間の設定
- リストの設定

まとめ

さて、スライド一覧が完成したら、それをそのままスライドに落とし込んでみましょう。項目の大小に従い文字サイズやレイアウトなどの見栄えを少し整えれば、あっという間に目次スライドの完成です。良くも悪くもここからの方向転換は大仕事になりますので、目次が決まる時点で、資料作成全体の半分以上が決まると言えます。目次の時点でまだ内容がグラグラしていると最後まで引きずってしまうので、相手が思わず続きを知りたくなるようなしっかりした目次構成を心がけましょう。

なお、この一覧は、できれば〆切までの中間地点くらいで見せるのが望ましいでしょう。もし方向転換することになっても、時間に余裕があるので作成者としても作業がラクですし、関係者にも安心してもらえます。

— COLUMN —

資料のボリュームはどれくらいがいいの？

「本編の資料は10枚まで」がオススメです

じっと聞いていられるくらいがちょうどいい

「プレゼン資料は何枚くらいが一番よいのか」という議論は、これまで幾度となく繰り返されてきました。私自身は「本編が10枚くらいまで」ではないかと思っています。よく1枚プレゼンの話なども聞くので、少ない枚数で済むならばそれに越したことはありませんが、枚数を少なくすることにこだわって、省スペースに配置することに注力しすぎるのも大変なことだなと思うのです。

ただし、人間にはじっと聞いている限度があるので、スライドが多すぎるのはよろしくありません。資料10枚では説得できない相手を、20枚なら説得できることはおそらくないでしょう。必須でない情報はできる限り削ぎ落とし、本筋のストーリー以外のスライドは補足資料に回して、簡潔な構成を目指しましょう！

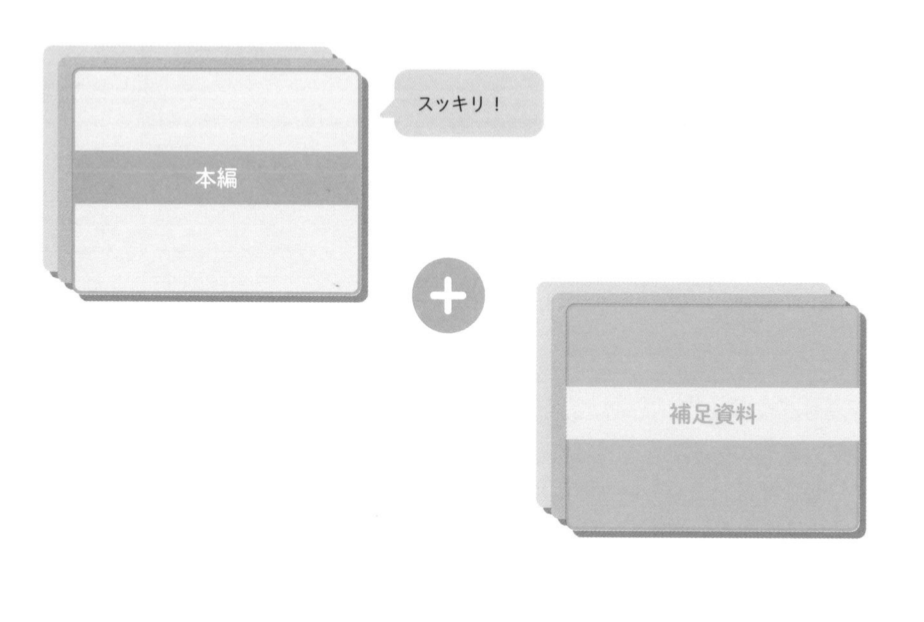

LESSON 2

言いたいことが伝わるスライドの基本

前に使った資料をコピペして使えばいいよね？

効率重視の「つぎはぎ資料」は3つの「あるある」に注意する

体裁

BEFORE

つぎはぎ・コピペ資料作成の3つの「あるある」

体裁の異なる資料を一気に合体すると…

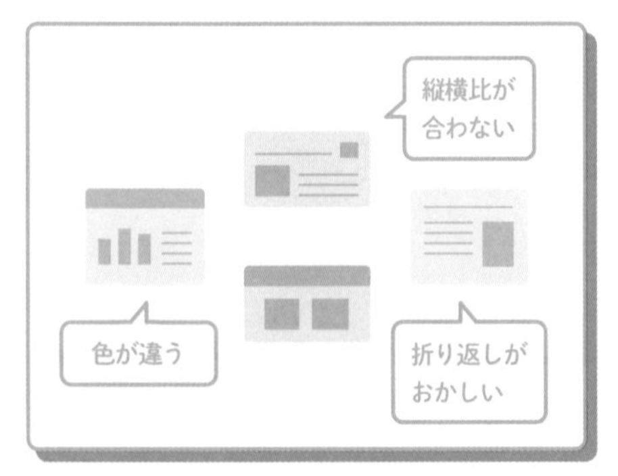

さまざまな資料から流用する際、比率の異なるスライドや、他部署の体裁の異なるスライドをそのまま1つにまとめると、文字の折り返しがおかしくなったり、意図しない配色になる危険があります

過去の類似資料を信用しすぎると…

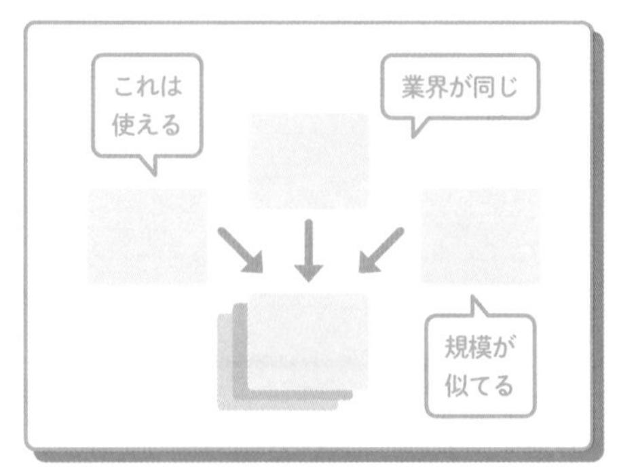

過去の同規模・類似案件の資料を参照することはよくありますが、内容をあまり見ずにまとめてしまうと、表紙の訪問先社名は直したのに、本文で別の社名が出てきてしまうなどの致命的なミスにつながります

省エネを目指しすぎると…

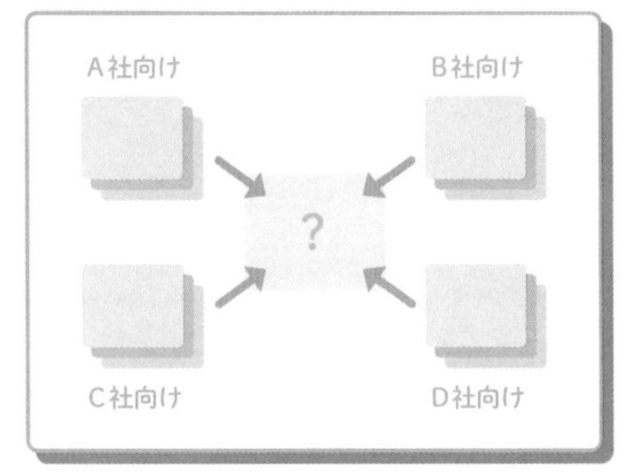

基本フォーマットに沿うことは結構ですが、「最低限の労力で仕上げる」ことを目標にコピーしてきた要素に引きずられると、一番重要な個別提案の部分が添え物のようになってしまう危険があります

POINT

- 体裁が揃っているかを事前に確認、またはテキストの情報だけを貼り付ける
- 資料を流用する場合は社名や年月日、数字などの情報が更新されているか確認
- 別の資料から流用できる内容と相手に合わせた専用の内容は区別して作成する

AFTER

省エネしつつも最低限の手間はかけよう

1ページずつレイアウトを確認！

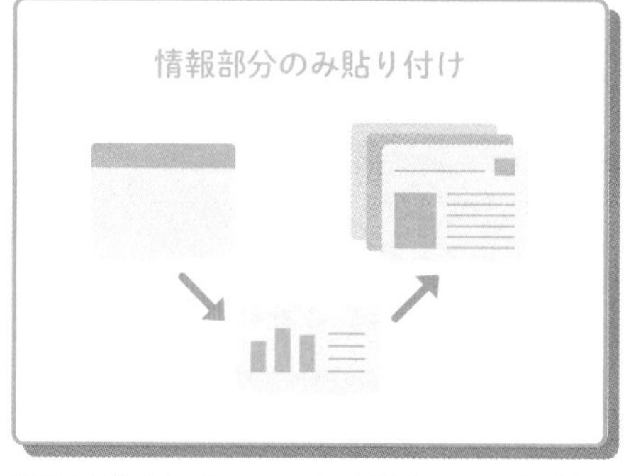

資料を合体する前にフォント、配色などの体裁が統一されているか確認したり、デザインはコピペせず、テキストの情報部分のみを貼り付けたりすることで、意図しない見た目になることが防げます

「検索・置換」で社名や年月日を確認！

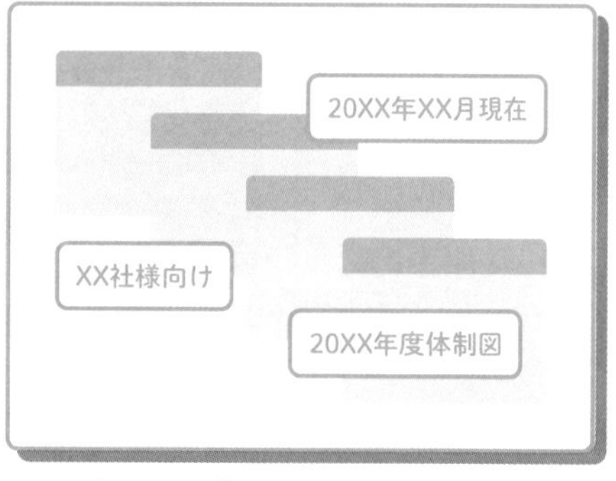

パワーポイントの「検索・置換」の機能を使って、社名や部署名といった固有名詞が残っていないか、年月日は最新になっているかなどを確認しましょう

流用部分と今回専用部分は区別！

すべての内容を毎回ゼロから作り始める必要はありません。共通で使える内容（業界動向、技術説明など）と、資料を見せる相手専用の内容（具体的な体制など）を区別してその案件に最適な資料にしましょう

情報整理

なるべくごちゃごちゃしない見た目にするには

脱・ごちゃごちゃ資料！「減らす」と「メリハリ」がカギ

詰め込みすぎ&メリハリがなく見にくい

情報の詰め込みすぎでどこから見ればよいかわからない

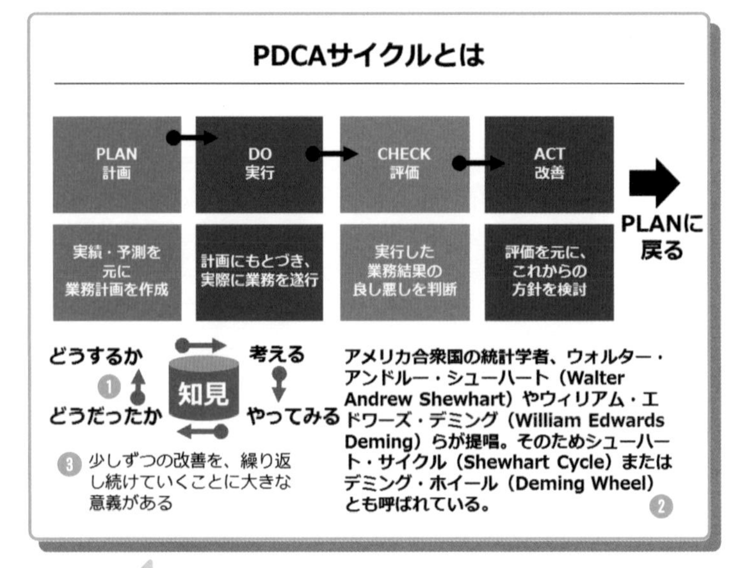

文字の色や大きさが同じで、情報の優劣がわからない

情報の見せ方には緩急をつけよう

LESSON1で作った構成を元に、各スライドに入れる内容が決まったら、それをわかりやすく見せるスライドのレイアウトを考えましょう。スライド資料で大切なのは、芸術的センスではなく「それを見た人が一瞬で内容を理解できる」デザインです。そこでまず覚えてほしいのが、「情報の見せ方には緩急をつける」ことです。

まずは上の作例を見てください。左の作例には、入れるべき情報は確かに入っているのですが、ごちゃごちゃしていてなかなか主題が頭に入ってきません。これは、情報の順位付けや取捨選択が正しく行われていない場合によく起こります。優先度や上下関係に応じて要素の見せ方にメリハリをつけ、相手が困らない見た目にするのが重要です。

例えば、左の作例内の図解のテキストのよう

POINT

- 情報の順位付けや取捨選択が行われていない資料は内容が頭に入らない
- 情報の優先度や上下関係に応じて文字サイズや色でメリハリをつける
- 内容の重複箇所や本題と関係ない情報は削除し、一番大切なことを目立たせよう

AFTER

どれが見出しで、どれが解説かわかるように文字の大きさを変える

すっきりと整理されていて理解しやすい

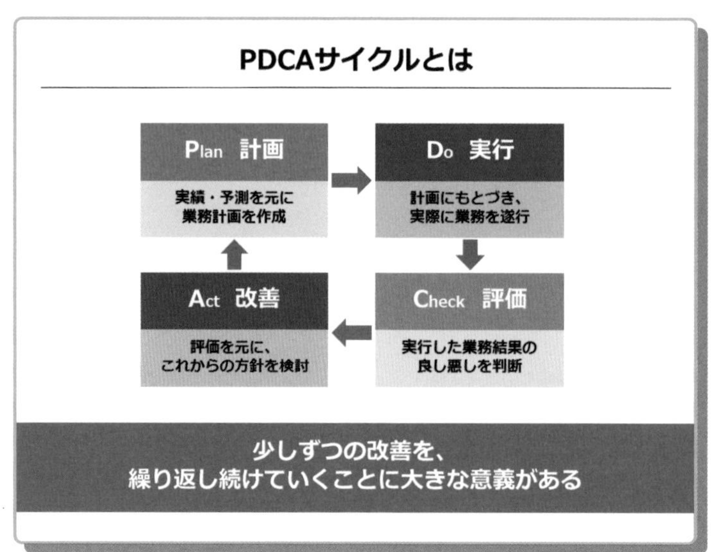

本題に関係ない情報は極力減らし、一番伝えたいメッセージを大きく目立たせる

に、すべての文字サイズが同じだとどれが見出しなのか解説なのかがわかりません。そこで、右の作例のように、文字の大きさにメリハリをつけ、さらに背景の色やレイアウトによって、情報の上下関係をはっきりさせて順位をわかりやすくします。基本的に、より重要な内容、タイトルや見出しは大きく、また色を濃くします。

また上の左の作例のように、要素が多いと見にくいので、同じことを言っている部分（❶）や、本題とは直接つながりの少ない内容（❷）は、話の筋を見えにくくするのでできる限り減らします。そして何より、一番伝えたいメッセージ（❸）はこのままでは目立たず本題であることがわからないので、一番大きく目立つようにレイアウトします。すると、すっきりと見やすく、内容をつかみやすくなります。

015 項目数

1つのスライドに要素を詰め込むとごちゃごちゃしがち

「1スライド＝1トピック」なら作業がスムーズ！

BEFORE

変動のある項目を複数入れてしまうと…

急に２番に追加変更が！
でもどこにも入らない！

収益アップの最重要課題

[1]
オリジナル
商品の開発

価格競争に終始しない、
内容自体に希少性のある
商品の開発に注力します。

[2] 返品・クレーム対応

親身でさわやかな対応を
心掛け、さらにファンになって
いただけるようにします。

[3] 無駄のない在庫管理

[2] キャンペーン企画力

きっちり収めすぎると、内容を更新するためには、レイアウトまで編集し直さなければならなくなってしまいます

意図しなかったリクエストに大慌て！

準備万端で資料を作成しても、関係者の意向で急きょ内容の差し替えや修正が起こる場合があります。それでも「もう変えられません」とはなかなか言えませんよね。また、急な修正が入る箇所ほど、資料の根幹に関わる重要な項目である場合も多いものです。

しかし１つのスライドに内容をきっちり詰め込んでしまっていると、動かすにはレイアウトを編集する必要が出てきます。もしかすると、他のスライドにも影響が出て、修正が必要になったりします。そうなると、時間がかかって効率が悪い上に、構成が崩れるなど資料全体に影響があります。

このようなことを避けるため、内容に変動がありそうな項目のスライドを作成する場合は、１スライドに入れるトピックを1個だけにして

POINT

- 1つのスライドに複数項目を詰め込んでしまうと急な変更に対応しづらい
- 内容に変動のある項目のスライドは1スライドにつき1トピックで作っておく
- 1トピックだけなら追加・編集が簡単で、再利用時も加工が最小限に

AFTER

1スライド1トピックなら追加しやすい！

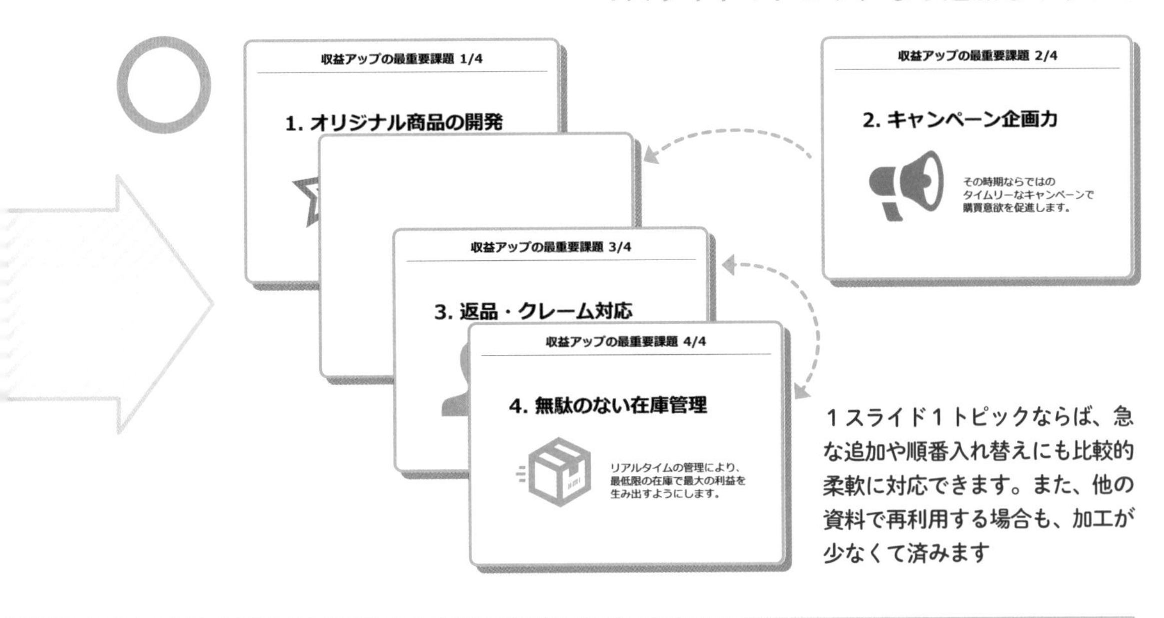

おくと追加や編集が簡単に行えます。例えば、売上データや株価、他社の最新動向、またある時期までは公表されていない提携情報など、情報の鮮度が重要な項目は、ぎりぎりまで情報が変わる可能性があるので、この構造にしておくのがオススメです。作る人と発表する人が別で、特に発表者が目上の場合、発表者からの急なリクエストにも応えられます。また、他の資料で再利用する場合にも最小限の差し替えで済むので、加工が大仕事になりません。

もちろん急な修正が入らないよう事前の打ち合わせで十分なすり合わせを行うのがベストですが、もしものときに備えた資料作りを考えておくのも重要です。それに、1スライドに収めるトピックは1つにしておくほうが、相手にとっても見やすいというメリットもあります。

スライドタイトルの付け方にいつも迷う

「読み手を迷わせない」スライドタイトルを付ける

タイトル

BEFORE

区切りでしかないタイトルは読み手を迷わせる

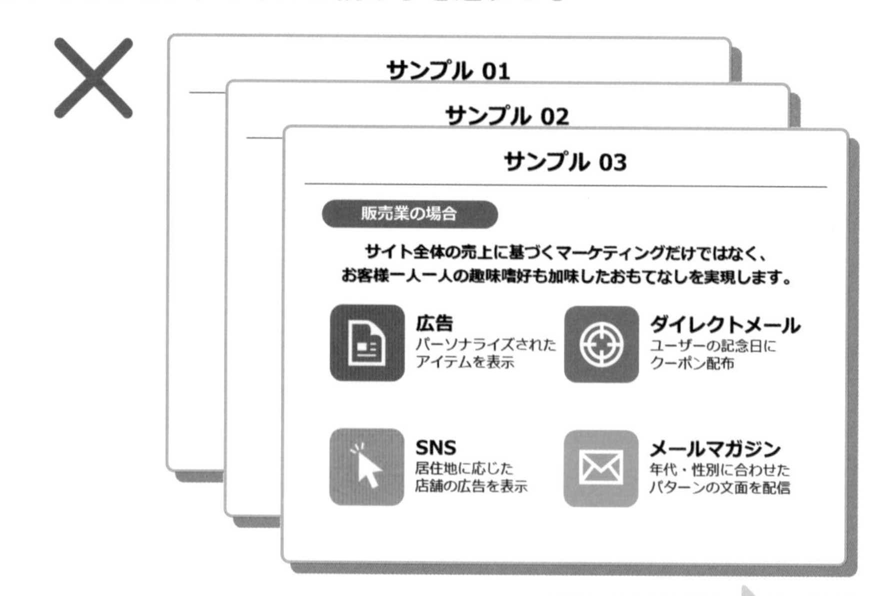

最初から通して読み進めないと、何のサンプルを示したスライドなのかわからない

そのスライド内容を体現したタイトルが◎

パワポのスライドを作るのに慣れてしまうと、何となくスライドのタイトルを読み飛ばして内容にばかり目を向けてしまいがちです。でも、ここも手を抜いてはいけません。書籍や映画もタイトル次第で世間の評価が大きく変わることがあるのと同じように、1つ1つのスライドタイトルにも内容にふさわしいものをしっかりと考えて付けましょう。

簡単な単語や便宜的な番号にしてしまうと、後で見返した場合、スライドをすべて読み直さないとそのスライドが何について書かれているかがわかりません。一方、**適切なタイトルであれば、そのスライドの内容が迷わずわかります。**

また、スライドのタイトルは、スライド自体だけでなく、目次にも大きな影響を与えます。各スライドに内容を体現した適切なタイトルが

POINT

- 簡単な単語や便宜的な番号などのタイトルは後で見返すときに不親切
- そのスライドが何を示しているのかがわかる簡潔なタイトルを付ける
- 適切なタイトルが付いていれば、目次だけでも資料の内容が伝わりやすくなる

AFTER

個々のスライドの内容がすんなり理解できる

このスライド単体でも何について説明しているのかが迷わずわかる

目次にしたときに、資料の構成がわかりやすくなる

付いていれば、**目次を見た時点で資料の構成がわかりやすくなる**ので、目次だけで資料の概要が伝わります。逆に番号などの便宜的なタイトルだと、目次を見たときに単なるページ分けの表示になってしまいます。

　スライドタイトルは**資料全体のメッセージにつながる大事なキーワード**です。何を示したスライドなのかが端的にわかるものにしましょう。

データ分析サービスのご紹介

- サービスの導入方法
- データ分析の仕組み
- 分析の活用：製造業での余剰生産削減
- 分析の活用：流通業での配送効率化
- 分析の活用：販売業でのおもてなし向上

017 文章

それらしい言葉を使ったほうがスマートな印象ですよね？

「それ、意味わかってますか？」カタカナ言葉は多用しない

BEFORE

かっこつけたつもりが、ただの意味不明な資料に…

ボトルネック解消の
ベストプラクティス！

プロアクティブなソリューションで
ベネフィットをコミットする
このビジネスモデルは、
これからのグローバルスタンダードです！

それっぽい言葉が並んでいるだけで、結局何が言いたいのかピンとこない

意味がわかりにくいので、提案が通りにくくなりかねない

カタカナ言葉乱発資料は意思疎通を妨げる！

オーソライズ、オルタナティブ、マイルストーン…。何となく使ってはいるけれど、あらためてその意味を聞かれると困ってしまうことはありませんか？　また、業界内では当たり前の用語でも、他業種では当たり前ではないことも多く、他業種向けのビジネスにおいては意思の疎通を妨げます。

見た目のかっこよさより、わかりやすさを最優先しましょう。すでに一般的なカタカナ言葉まで無理に日本語にする必要はありませんが、**できるかぎり平易な言葉遣いを心がけ、読む人が内容の理解に集中できる資料**にしましょう。

例えば、こんな場面で、ついカタカナ言葉を多用してしまいませんか？　１つ目が「情報量が少ないので、何となく密度感を出したい」という場合。これは、スライドの見せ方を工夫す

POINT

- 自分でもきちんと意味を理解していないカタカナ言葉は、多用するとわかりにくい
- 見た目のかっこよさより平易な言葉遣いのほうが、読む人が内容に集中できる
- カタカナ言葉は、短い単語でニュアンスを損なわずに伝えるというメリットも

AFTER

すんなり意味がわかるので、提案内容も相手に届きやすい

結局、日本語のほうがわかりやすい

問題解決の最善策！

先進的な解決方法で

利益をもたらすこの仕組みは、

これからの国際標準です！

べきでしょう。無駄な情報の増加は、内容をわかりにくくしてしまいます。2つ目は、「内容が少ないので、何となくかっこよくしたい」という場合。これは、カタカナ言葉でごまかすのではなく、メッセージをもう一度検討するほうがよいでしょう。最後に「提案内容に新鮮味が欠けるので、何となく今風にしたい」という場合。的を射ている内容であれば、変に気取る必要はありません。もし伝わらなくなってしまったら、かえって損をしてしまいます。

ただし、カタカナ言葉は必ずしもNGというわけではありません。カタカナ言葉は、その言葉自体が周知されていないと内容の理解を妨げますが、一方で、訳語にはないニュアンスを損なわずに短い単語で伝えることができます。正しい利点を理解して使うことを心がけましょう。

018

箇条書き

相手に伝わりやすい文章の長さは？

箇条書きの言葉は短すぎず、長すぎず

BEFORE

短すぎると説明不足

先進であること自体は、必ずしもアドバンテージではなく説明不足

サポートの何が強みなのかわからない

シナジーが何を指すのかわからない

弊社サービスの特長

3つの強み

- 先進性
- サポート
- シナジー

長すぎると冗長に

弊社サービスの3つの特長

- **先進の技術による半自動化**
  対象のWebサイトのソースコードのhead部分に10行のトラッキングコードを記述し、サーバーにアップロードすることでコントロールパネルからリアルタイムにアクセスログの集計が行えます。
- **貴社専任担当者のサポート**
  弊社のサポート業務は5年前に渋谷に開設したサポートセンターから始まり、3年前には中野へと移転、そして昨年度には品川へと移動いたしました。
- **各分野の専門技術のシナジー**
  多様なポテンシャルを持つオーセンティックなスペシャリストが貴社ビジネスをアグレッシブかつダイナミックにブラッシュアップし、グローバルな変化にキャッチアップさせます。

ここで技術の内容まで詳細に記述しても読みにくい

沿革はサポートの強みとは直接関係ない

よく見せるための修飾語が過剰で余計にわかりにくい

POINT

- 相手にとっての判断材料が不足するレベルで短くすると不親切
- 「あれも、これも」という長い説明文やよく見せるための修飾語は避ける
- 最低限の判断材料となる説明だけを付けた適度な長さがベスト

AFTER

適度な説明と長さですっきり伝わる！

弊社サービスの3つの特長

- 先進の技術による半自動化
- 貴社専任担当者のサポート
- 各分野の専門技術のシナジー

それぞれの強みの理由が明快!

見る人が迷わない「最小限」の説明を

資料の中で、リスト形式の箇条書きはよく用います。文章で書くよりも簡潔でわかりやすい印象ですが、言葉を簡略化しすぎると、今度は伝わりにくくなります。左上の作例は、ほぼ単語まで省略しています。これでは説明不足のため、想像しなければそれぞれの単語が何を表現しているのかがわかりません。また、左下の作例は「これもあれも、いろいろと説明したい！」という内容を盛り込んだ長すぎる例です。こういった長い解説は、内容を吟味すれば、ただ自分が「言いたい内容」なだけであって、相手が「聞きたい内容」ではない場合があります。一方、右上の作例では、短すぎる例で省略されている「なぜこの３つが強みなのか」が示され、また、判断材料となりうる最小限の説明を付けたので、読みやすく、かつ内容がすっきり伝わります。

相手にわかりやすく伝わるレイアウトの基本的な考え方

レイアウトは「左から右」、「上から下へ」

レイアウト

SAMPLE_1

目線の自然な流れに沿って配置しよう

横書きの資料の場合、文字は左から右、上から下へ書かれるのと同様、図解の時系列もまた同じ方向に流すのが自然

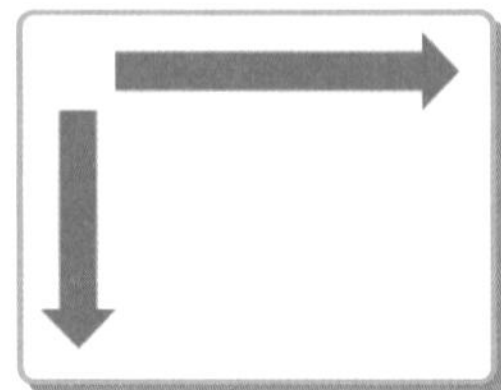

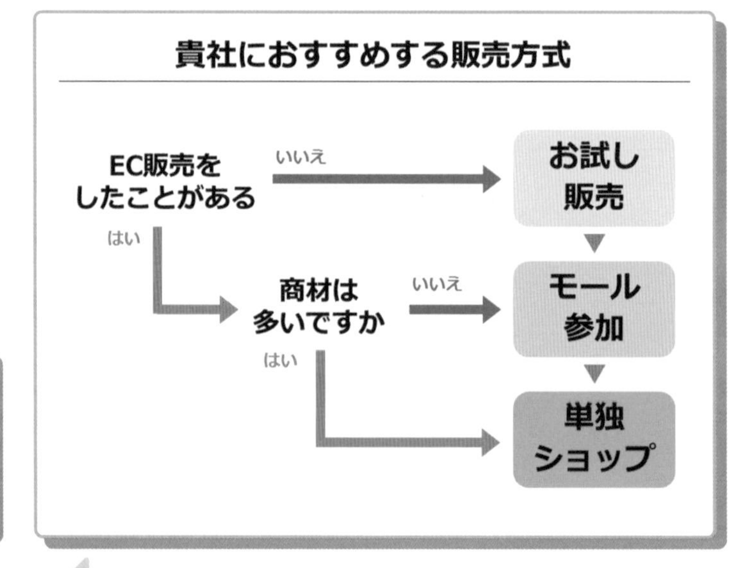

従来と将来、対応策と結果などの表現も、その法則にならって配置しよう

要素の置き方でスライドに「流れ」を作ろう

52ページでは、「見やすくする」という観点で、情報に緩急をつけること、不要な情報は極力捨てることを解説しました。しかし、単に見やすくするだけではなく、相手を飽きさせずに結論へと導くには、プレゼン全体の構成にストーリーが必要なように、個々のスライドにも簡潔なストーリーが必要です。

ポイントは、事実の要素とそれを元にしたメッセージを簡潔に示すこと。伝える内容自体は深く濃いのが理想ですが、レイアウトはシンプルが基本です。横書き資料の場合、人の目線の自然な流れに沿って、文字や図解は左から右へ、上から下へと配置します。その際、データなどの事実だけしか入れないと、見る側にその意味を考えさせることになるので、その事実から伝えたいメッセージを忘れずに配置しましょう。

SAMPLE_2 事実＋「だから何」が伝わる配置に

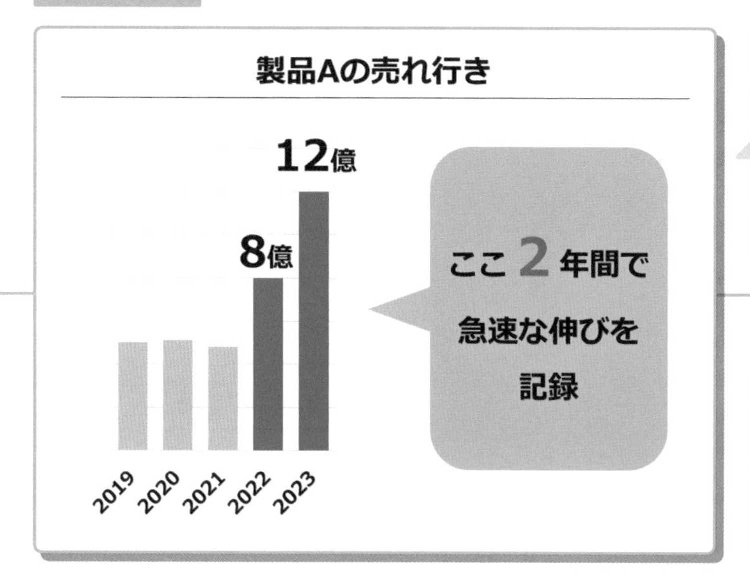

データだけでは、見る側がこの資料で何が言いたいのかを自分で考える手間が発生してしまうため、データと「だから何」が伝わるように心がける

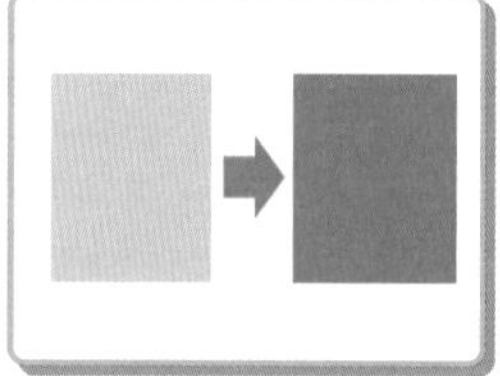

SAMPLE_3 複数要素はグループ化して把握しやすく

4つ以上の要素を並列に並べると印象が薄くなってしまうので、グループにまとめて把握しやすく

弊社の業務範囲

仕入れ	販売		事後対応
企画立案	商材登録	商材発送	サポート
商材選定	店舗運営	決済処理	返品対応

ショップ運営をトータルサポートいたします

020

レイアウト

いつもワンパターンなレイアウトになりがち…

覚えておこう！　伝えたいこと別 レイアウト４パターン

言いたいこと・見せたいもので使い分けよう

❶ 解決策＋手段 ＋メッセージ

上から順に、解決策・具体的な手段・メッセージを並べることで、時系列に沿ったストーリーとして、無理なく伝わります。

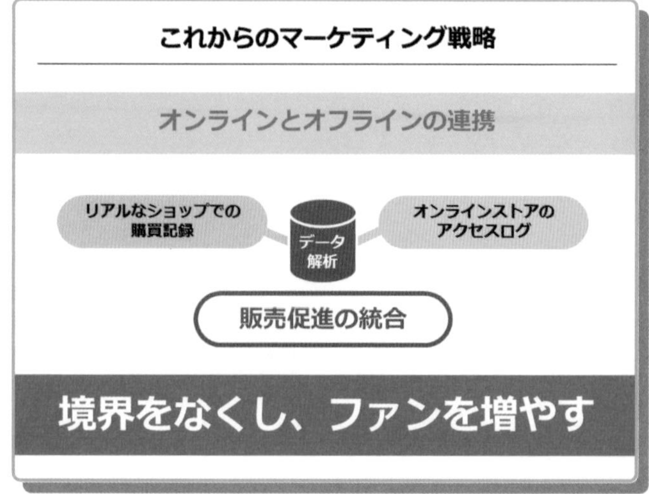

❷ ビフォー・アフター ＋メッセージ

両者を横並びにして、矢印を加えて左から右への流れを表現しながら、灰色で従来を、鮮やかな色で導入後を表現することで、これからのビジョンをポジティブに伝えることができます。

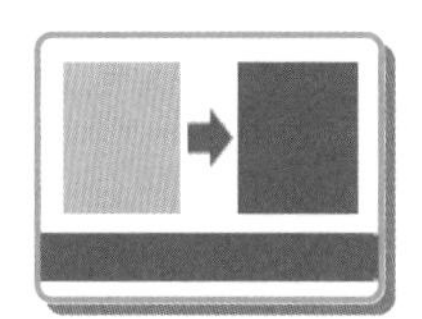

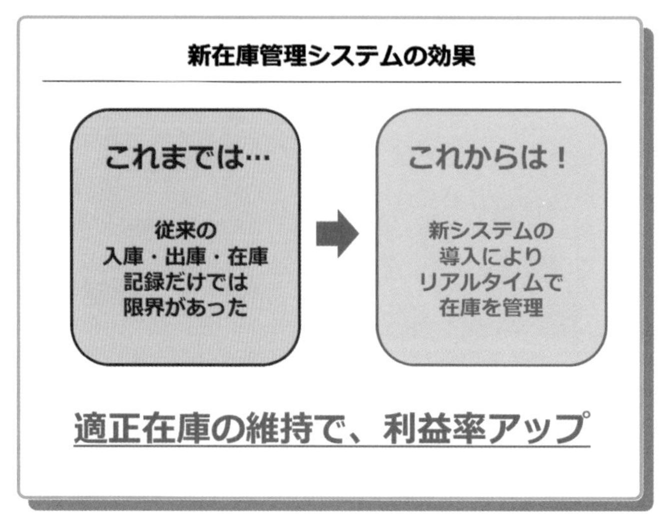

POINT

- 上から順に並べると、時系列に沿ったストーリーを伝えられる
- 左から右への横並びと色の変化でビジョンをポジティブに伝えられる
- 複数の解決策は図解なら横並び、テキストなら縦並びで安定感と信頼感を与えられる

弊社サービスの特長

多数の
導入実績

一気通貫の
サービス提供

年中無休
サポート

企画・販売からサポートまで、
まるごとお任せください

❸ 並列要素（ビジュアル）＋メッセージ

メッセージに至る解決策や根拠を**複数個、横に並べる**ことで、１つだけ提示するよりも安定感と信頼感を与えることができます。

膨大なデータに価値を見出す

- BA(ビジネスアナリティクス)**による予測立案**
- AI(人工知能)**による意思決定の自動化**
- IoT(モノのインターネット)**の活用**

データ解析で、情報を財産に！

❹ 並列要素（テキスト）＋メッセージ

構成としては上の❸と同じレイアウトですが、テキスト主体の場合は、読みやすいように**１項目あたり１行で縦並び**に配置するのがオススメです。

文字をただ並べただけの味気ないスライドになってしまった

レイアウトに悩んだら情報の「構成と優先順位」で整える

レイアウト

BEFORE

きれいに並べても文字のみだと内容がわかりにくい…

文字がつらつらと並んでいて、内容の区切りがわからない

データ活用サービスのご紹介

こんなお悩みはありませんか？

売上や商品在庫のデータなど、保管しているだけで活用できていない…

データ活用サービスが、そのお悩みを解決いたします！

・自動レポート　データファイルを連携させるだけで、自動でレポート形式の報告書が毎月作成されます。

・施策アドバイス　集約したデータを元に、定期的なミーティングでアドバイスを行います。

・ビジネス推進支援　データを活用し、新たなビジネスを作り出すためのコンサルティングをいたします。

データ活用サービスで、データを資産にしませんか。

タイトルやアピールポイントなど見分けが付かない

文字ばかりのスライドには絵を入れる、が正解？

「文章を整理して必要な情報は入れたけれど、どうレイアウトすればいいのかわからなくて、文字ばかりの味気ないスライドになってしまった…」という話をよく聞きます。こうしたとき、確かに写真やイラストなどの要素を入れると「何となくいい感じ」にはなった気がしますが、それは見た目が華やかになっただけであり、伝わりやすさが向上したわけではありません。

いわゆる「文字ばかりのスライド」に足りないものは、ビジュアル要素でなく「情報の構成」と「情報の優先順位」のわかりやすさです。右ページ下の図のように、スライド上の各情報は何のためにあり、またどのくらい重要なのか。それを今一度吟味し、重要度に応じて緩急をつけながら、背景色や罫線などで情報を区切ることによりわかりやすいスライドに変化します。

POINT

- 必ずしも写真やイラストを入れれば資料がわかりやすくなるわけではない
- 役割に応じて情報の構成を整理し、要素ごとに優先順位をつける
- 情報の重要度に合わせて色や罫線を使って配置に緩急をつけると見やすくなる

AFTER

資料タイトルから結論の流れを意識した構成になって、伝えたい部分がわかる

区切りが明確でパッと見て理解できる！

データを資産に！ **データ活用サービスのご紹介**

こんなお悩みはありませんか？

データ活用サービスが、そのお悩みを解決いたします！

自動レポート	施策アドバイス	ビジネス推進支援
データファイルを連携させるだけで、自動でレポート形式の報告書が毎月作成されます。	集約したデータを元に、定期的なミーティングでアドバイスを行います。	データを活用し、新たなビジネスを作り出すためのコンサルティングをいたします。

データ活用サービスで、データを資産にしませんか。

大切なポイントには背景に帯を敷くことで見やすい資料になっている

何についての話か

なぜ必要なのか

どのように優れているのか

結局、何を伝えたいのか

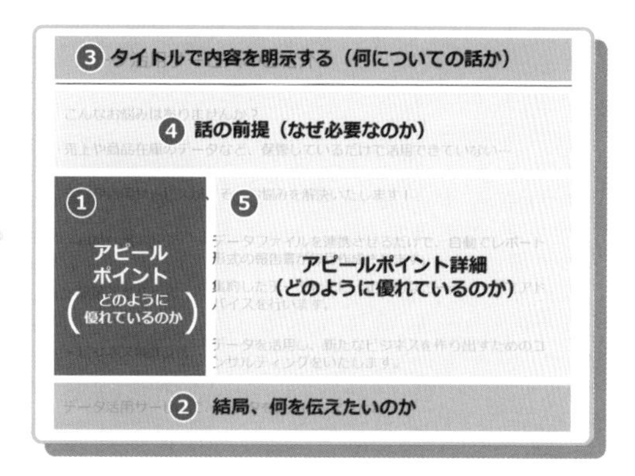

STEP1：情報の構成要素を整理し区分する

それぞれの情報が、スライド上でどのような役目を担っているのかを整理し、その構成を元に情報を区分。左ページの作例は上の図のように情報が区分できます

STEP2：区分ごとに優先順位をつける

情報を役割ごとに区分したら「何を特に伝えたいか」「補足の情報はどれか（興味のある人が読む）」などを考えて順位付け。最後に、順位に基づいてスライドに落とし込みます

022

確認

全体の整合性がとれているかが不安…

完成後に見直すべき2つのチェックポイント

「本来のメッセージから離れてしまった…」を防止！

資料を作り始めたときはメッセージをしっかり意識していても、「図解を入れなければならない」「グラフでデータを示さなければならない」「事例を紹介しなければならない」とあれこれ追加しているうちに、資料を完成させることが目標になってしまい、本来のメッセージから離れていってしまうことはよくあります。

資料が完成したら、ぜひもう一度見直してください。要素の過不足をチェックすることで、資料の完成度が上がります。

資料完成後の2つのチェックポイント

1. 資料全体のメッセージから各スライドの要素に落とし込まれているか
2. スライドの要素が資料全体のメッセージに結びついているか

上記の両方のチェックを行うことが重要です。不足している要素は追加し、不要な要素は削除しましょう。

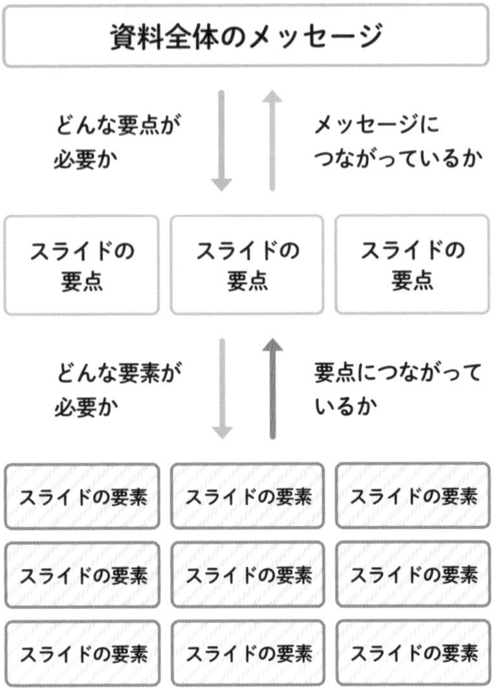

LESSON 3

OKを引き出す！グラフと表の効果的な使い方

グラフの基本

グラフを入れるべきシーンは？

グラフは「数値の増減」をアピールするときだけ使う

SAMPLE_1

数字の増減がアピールにつながる場合は必須！

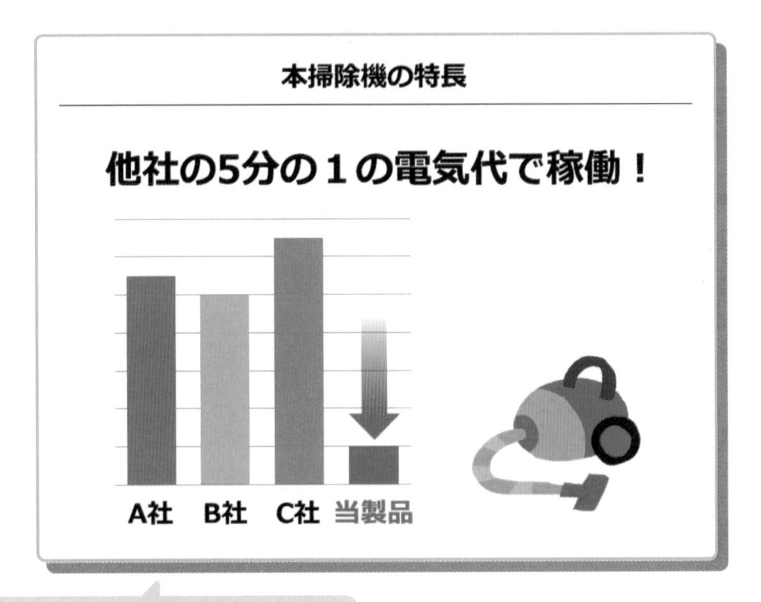

従来品に比べて安価な新製品などは、比較要素が価格なので、グラフの提示は必須

アピール内容次第で使い分けよう

資料作成でグラフを入れるのはどのような場合でしょうか？　もちろん数字でその資料のメッセージを補強するためです。ただ、よくあるのが、当初は明確な意図があってグラフを作り始めたはずなのに、気が付くと「グラフを完成させること」や「とりあえず入れること」が目的になってしまうこと。それでは本末転倒です。

資料のメッセージを補強する材料は、グラフだけではありません。例えば、開発の理念や担当者のコンセプト、導入の事例など、さまざまなものがあります。グラフは、それらと同列の「数値の増減でメッセージを補強する」要素です。グラフを入れようと思ったときは、そのグラフが資料の中でどのような意味を持っているのかを今一度考えてみて、必要性を検討しましょう。

では、どのようなとき、グラフが効果的で、

SAMPLE_2 グラフがあるといい場合

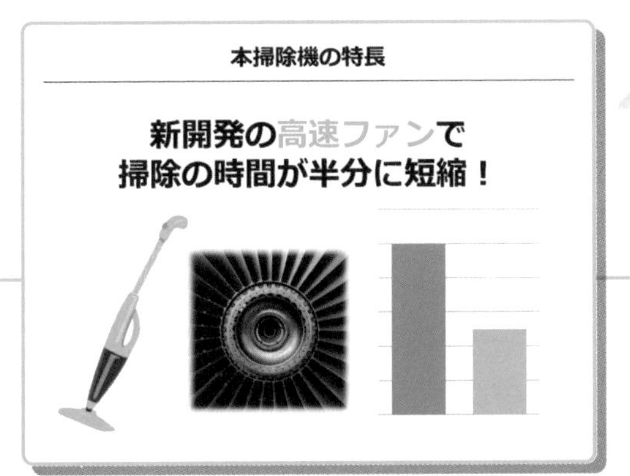

新しい機能を含む新製品などは、その機能が時間短縮による効率化など何かしらの数値に影響を与えるなら、グラフの提示が必要

SAMPLE_3 グラフを使わないのも選択肢のひとつ

画期的な新製品などの場合、今までにない機能が売りなので、数値はメッセージの中心ではない。機能をアピールしたほうがよい

その逆にグラフが不要なのでしょうか？ 例えば、既存のものとはまったく異なる新しい概念の製品紹介では、「既存のものと比較できない」ことが売りなので、グラフによるスペック比較が必要ない場合があります。一方で、画期的で、かつ既存の製品の何倍もの効率をもたらす製品紹介では、その画期的なアイデアと性能の数値を示すグラフの両方を示したほうがよいでしょう。また、価格やスペックが主な特徴となる製品の場合は、自ずと数値中心のアピールになるため、グラフは必須です。つまり、一番伝えたいことを伝えるために数値が重要である場合のみグラフで示すということ。

「グラフを入れればとりあえずOK」ではなく、その資料のメッセージやストーリーに応じてメッセージを補強するグラフだけを入れましょう。

グラフの基本

すっきりシンプルで見やすいグラフにするには？

余計な「目盛り」「数値」「単位」は極力カット

BEFORE

一見シンプルだけど読み手を迷わせる

棒の長さと縦軸の数値をいちいち見比べるのは面倒…

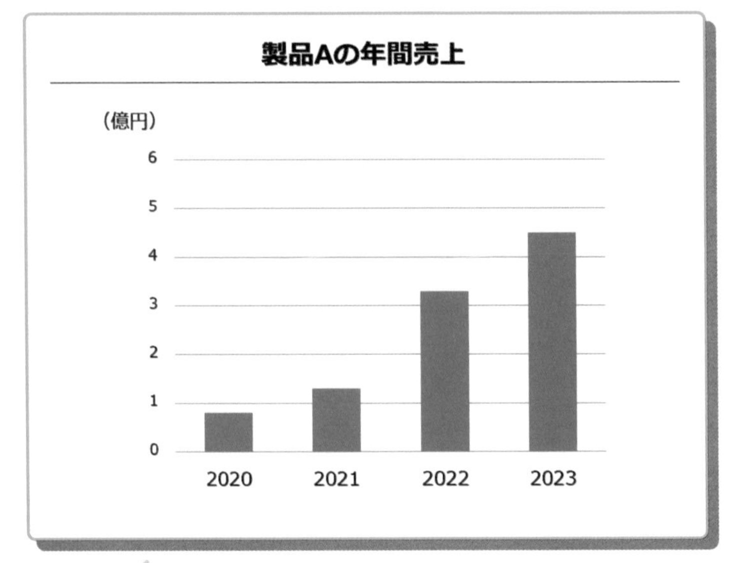

肝心の内容部分（棒グラフ）を目盛り線が邪魔している

その情報、本当にそのグラフに必要ですか？

特に意識せずパワーポイントで普通にグラフを作成すると、上の左の作例のような見た目になります。もちろんグラフの情報が正しければこれでも間違いではありません。しかし、本来提示すべきグラフの棒以外に、目盛り線や数値や単位などが散在しているため、散漫な印象を受けます。売上の数字も同じ大きさで並んでいるので、これを見る人はまずどこに注目すればいいのかはっきりわかりません。

これは決してパワーポイントのグラフ機能がよくないわけではなく、作成者の意図が反映されていない素の状態の表示形式だからです。このグラフにひと手間かけることで、より目的に沿った表現にしてみましょう。

まず縦軸の目盛りとその数値、単位はカットしましょう。目盛りの数値とグラフの棒の長さ

POINT

- 目盛り線や数値、単位などが散在していると見にくくなる
- 縦軸の数値や目盛り線は省いて、棒の上に数値を配置すればOK
- 仕上げに、重要情報だけ目立たせ、必要な箇所にだけ単位を付ける

AFTER

すっきり見やすい！

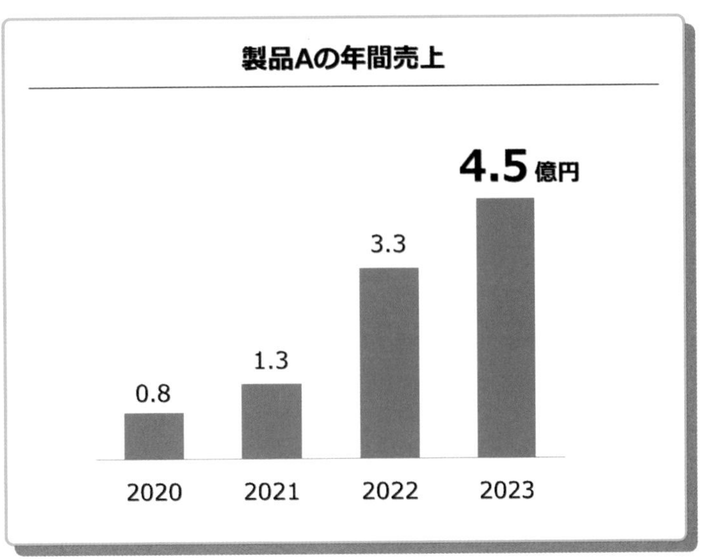

を見比べながら内容を理解しなければならないため、見る側としては手間がかかります。その代わりに、それぞれの棒の上に売上金額を記述すると、グラフがすっきりすると同時に数字も見やすくなります。ここでは一番アピールしたい2023年度の売上数値だけを大きくして見てほしい部分を明確にしています。単位はすべてに付けなくても意味が通るので、2023年度だけに付けています。

なお、この例では「今年の売上がいくらか」を示す文脈での表現を前提としています。詳しくは次の74ページで解説しますが、そのグラフで伝えたい内容によって、表現は変わります。例えば「2年前の数値がいくらだったのか」「3年前と今年の比較」を示す資料では、目立たせる箇所が変わると覚えておきましょう。

025

パッと見ただけで理解できるグラフにするには

本題を目立たせ、参考情報は控えめに

グラフの基本

BEFORE

一体、どこが重要なの？

すべて同じ色なので、パッと見では、見るべきポイントがつかみづらい

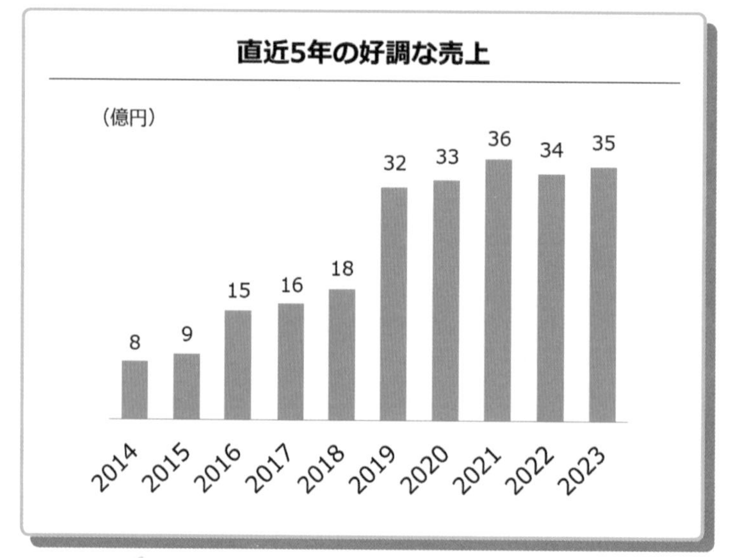

重要な数値はどこなのかを見る側に考えさせてしまい不親切

本題は色付け、参考情報はグレーか薄い色

前の72ページで解説した、「グラフの余計な情報を減らす」ことの次は「グラフの重要な情報を目立たせる」ことを考えましょう。

上のグラフのように、直近何年かの変化を示すグラフを作成する場合、比較としてそれ以前の数値も記載することが多いです。しかし、すべて同じような見た目で掲載してしまうと、どこまでが参考情報で、どこからが本題なのかわかりにくくなります。グラフのタイトルを見れば、どこが本題なのかは書いてありますが、そのひと手間を相手に強いるのは、あまり親切な資料とは言えません。人によってはそこで読み進めるのを面倒に思う人もいるでしょう。

そこで、タイトルを見なくてもどこからどこまでが本題なのかがすぐにわかるよう、**参考情報と本題の情報の見せ方をはっきりと区別**して

POINT

- すべて同じような見た目で掲載するとグラフの意図を瞬時に判断できなくなる
- 参考情報は控えめに、本題は強調して対比させるとグラフの意図が明確になる
- 参考情報部分はグレーか、本題の色を薄くしたものにするのがオススメ

AFTER

過去の5年間と直近5年間の差が明確になり、パッと見でどこを見ればよいかがわかる

重要な部分がすぐにわかる！

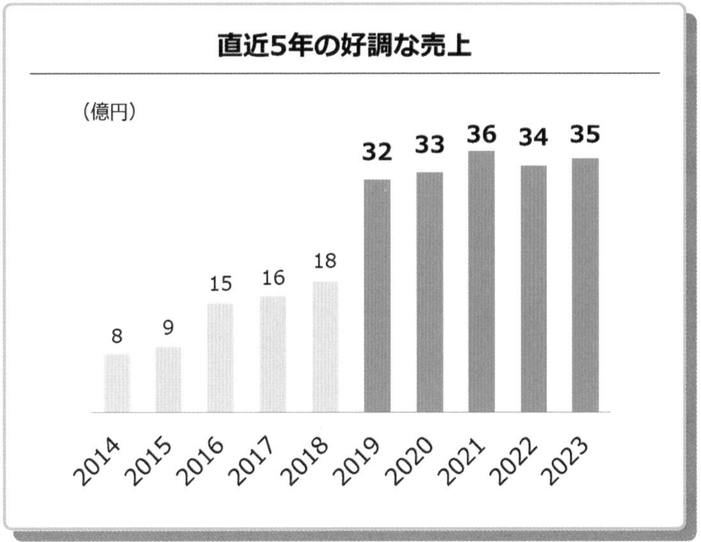

直近５年間がいかに好調かが強調され、内容に説得力が生まれる

みましょう。基本的には、参考情報を控えめに、本題の情報をはっきりと表現します。参考情報の棒の色は、グレーもしくは本題部分の色を薄くした色を使用すると、本題の情報が目立つので、おのずと情報の優先順位がはっきりします。棒の上の数値も、本題のほうを少し大きく編集しています。こうすると、ひと目でどこを見るべきかがわかるグラフになり、本題の好調ぶりが強調されて説得力が生まれます。

前項の73ページのグラフのように「今年の売上がいくらなのか」を提示したい場合は、最新の数値だけ大きくするのも効果的です。なお、前項のグラフでは、単位を最新の数値の横に記入していましたが、今回のグラフのように棒の数が多い場合は、単位は本来の縦軸の位置に配置したほうが見やすくなります。

伝えたいことが伝わるグラフにしたい！

グラフのメッセージは「色」と「添え書き」で強調

グラフの基本

BEFORE

伝えたいのは５億円という数値？
ＡとＢの差？　それぞれの伸び？

事実をグラフ化しただけ

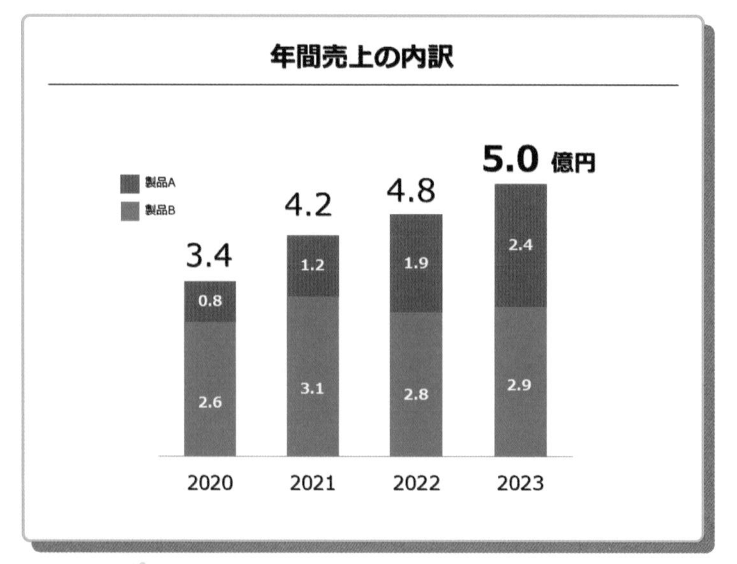

情報が複数あるので、
結局何が言いたいのか
わからない

見やすくするだけじゃなく意図を伝えよう

ここまでで、重要性の低い情報を減らし、優先度の高い情報を目立たせるということを解説しましたが、それらを活用しつつさらにメッセージを伝えられるグラフを作ってみましょう。

上の左の作例では、売上の数値が目立つように表現されていて、初期設定の棒グラフに比べると情報が伝わりやすいと感じられます。ただし、それはあくまでも「売上の数値が見やすい」という観点。「この数値だから、何が言いたい」までには至っていません。そもそもグラフはグラフ自体を見せたいわけではなく、何かを伝えるための素材のひとつとして用います。そこで、このグラフで伝えたいメッセージ、つまり何が言いたいのかを明確にしましょう。

上の左の作例からは、「ＡとＢの合計が伸びている」こと、「製品Ａの売上が伸びている」

POINT

- ただグラフ自体を見せるのではなく、「このグラフから言えること」を強調する
- いつでも数値を目立たせればいいとは限らない
- タイトル下にこのグラフで伝えたいメッセージを大きく入れる

AFTER

このグラフで言いたいことが明確

タイトル下のメッセージで言いたいことがひと目でわかる

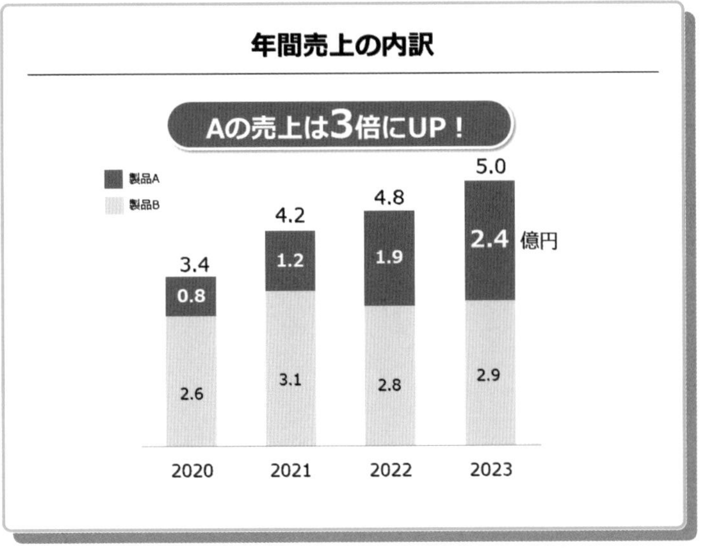

Bに比べ、Aが順調に伸びていることが明確

こと、もしくは「製品Bの売上が堅調である」ことの3つが言えます。今回は、製品Aの伸びについて説明するグラフにしてみます。

まず、左の作例では製品ごとに色分けしていましたが、このままではどちらが重要なのかわかりにくい。ここでは製品Aに注目したいので、製品Bは灰色にします。製品数が3つ以上の場合でも、重要度の低いものの配色は控えめにしましょう。

また、AとBの売上の合計金額自体はAの伸びを伝える上では優先順位は低いです。目立っていると混乱するので、初期設定に戻し、代わりに製品Aの2023年の売上金額を目立たせます。仕上げに、タイトル下にメッセージを大きく入れると、誰が見ても何を伝えるグラフなのかがわかり、説得力が生まれます。

グラフの基本

読みやすい添え書きの入れ方を知りたい！

知っておきたい！グラフの添え書きアイデア集

添え書きはメッセージの情報量に合わせたレイアウトで

❶ 1行メッセージはグラフ上部で目立たせる

1行メッセージをグラフに添え書きとして入れたい場合、グラフ上部に横長でレイアウトすると、読みやすくなります。とはいえ、あまり長い文章だと読むのが面倒になってしまいますし、グラフも圧迫してしまうので、コンパクトにまとめると読み手に親切です。

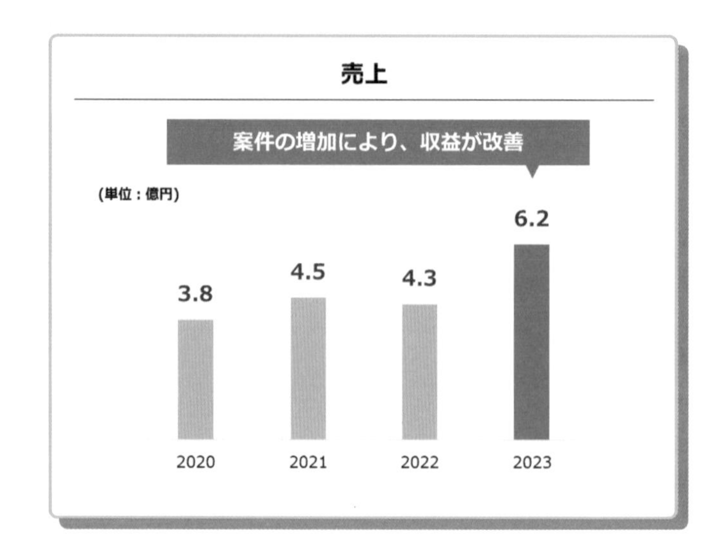

❷ 1行メッセージ＋解説は縦配置

メッセージを伝えつつ、それに付随した説明や理由などの情報を追記したい場合は、グラフの右側にメッセージと解説を縦にレイアウトするとスライドがすっきりします。上部横長のレイアウトよりは、情報量を比較的多く入れることができます。

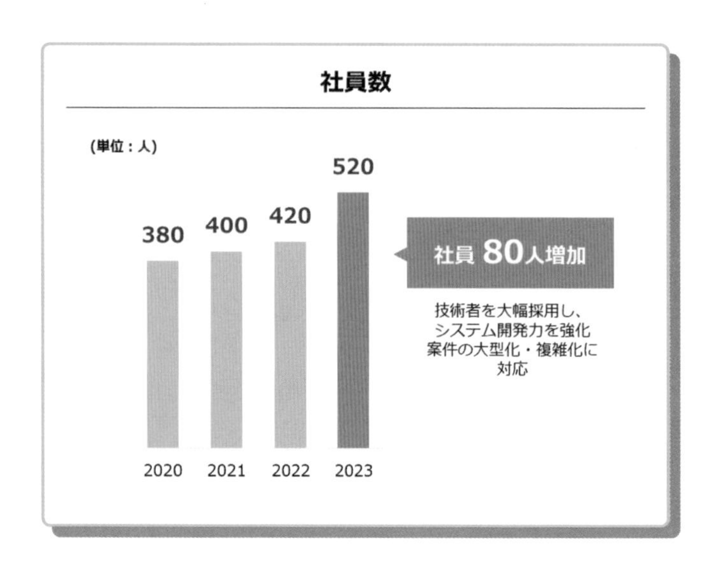

POINT

- グラフの添え書きの情報量によりレイアウト方法が異なる
- 添え書きはなるべく短くまとめたほうが読み手に親切
- メッセージの主旨や数によっては色を効果的に使う

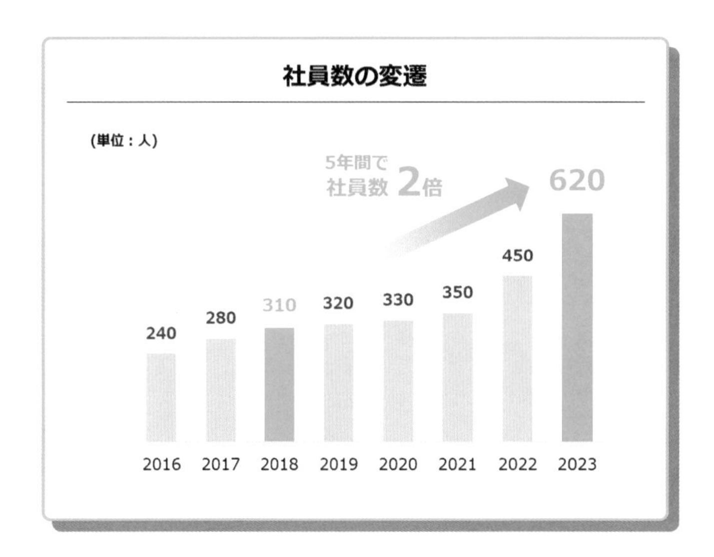

❸ 数値の比較は色でも伝える

数値の比較に基づいたメッセージを伝える場合、目立たせたいグラフのデータラベルも同じ色で目立たせると関係性がより明確になります。途中の数値自体を省略してしまう方法もありますが、レイアウトが許す範囲ですべて入れておいたほうが途中経過がわかるのでより親切です。

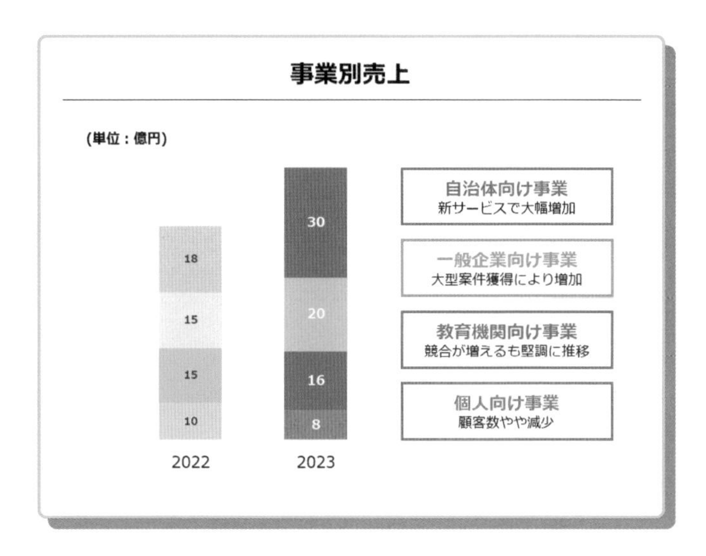

❹ 色分けで複数の項目をわかりやすく

積み上げ棒グラフのように、伝えたいメッセージの項目が複数ある場合は、凡例と組み合わせた形で、項目ごとに文字や枠線などを色分けして作成すると合理的で見やすくなります。色が似ていると各項目の関連性がわかりにくくなるので、派手になりすぎない程度に異なる色を選びます。

グラフの基本

「これ」というグラフにさらに説得力を持たせたい

「矢印・凡例・吹き出し」でポジティブ感を強調する

LESSON 3 グラフ

SAMPLE_1

右肩上がりの太め矢印＋添え書き

2023年の数値を大きくしつつ、矢印を加えることで「売上の上昇」をさらに強調

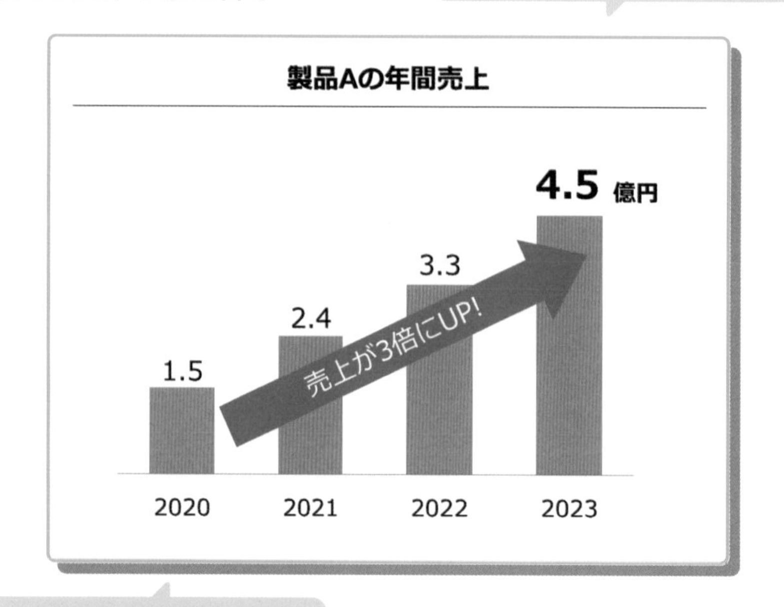

矢印内にテキストを加えることで、どれくらい売上が伸びたかも伝えられる

グラフ＋αの演出で説得力アップ

グラフは数値の変化を示しますが、そこから何を訴えたいのかという意図までは示してくれません。そこで、矢印や凡例、吹き出しなどの要素を加えることでも、77ページで紹介したタイトル下の添え書き同様、メッセージが明確化され、「より伝わるグラフ」になります。誇大表示はいけませんが、見る側の頭に内容が自然に入るような演出を加えてグラフの完成度を高めましょう。見る側は、メッセージが明確化されることで展開がある程度予測できるようになり、話がどこに転ぶかわからない不安から解放され、安心してプレゼンを聞くことができます。

まずは、「売上が伸びている」というメッセージを強調するなら、上昇を示すための矢印を加えると、増加を強調できます。太めの矢印の中にそのグラフで言いたいことを添え書きとし

SAMPLE_2 凡例スペースで項目別のポイントをアピール

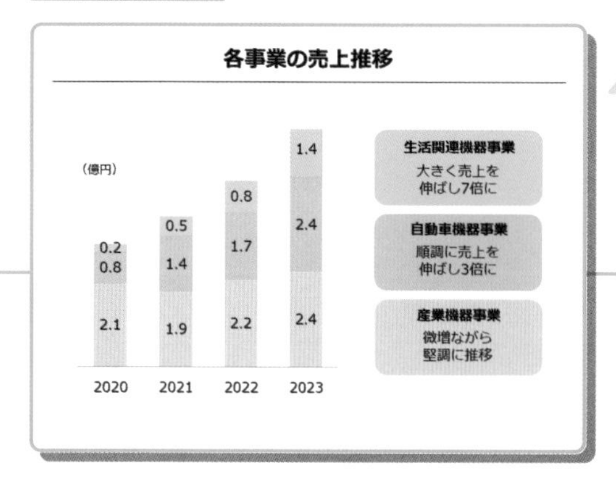

相手に考えさせることなく、各項目のグラフから読み取れることを伝えられる

SAMPLE_3 吹き出しで外的要因を説明

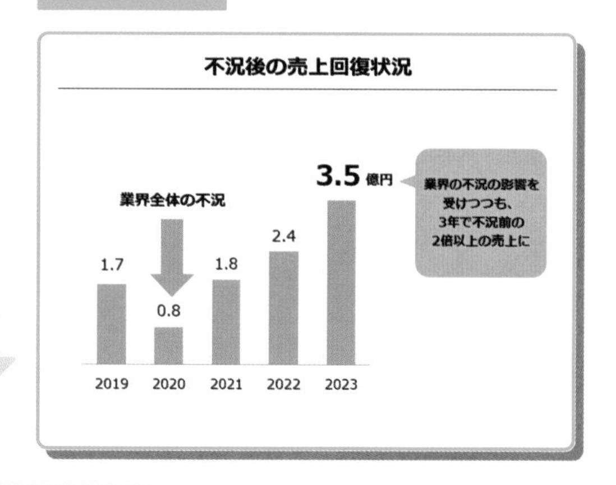

グラフの背景を説明してデータに説得力を持たせる

て入れるとよりメッセージを強調できます。

次は凡例です。凡例は本来、それぞれの項目が何を示しているか説明する目的のものですが、グラフを見る際に必ず参照するので、ぜひ活用しましょう。凡例のスペースを大きくし、項目ごとのアピールポイントを加えることで、単なる凡例から立派なメッセージへと変身します。積み上げ棒グラフなどで複数の項目について説明したい場合にオススメです。79ページで述べたように色分けしましょう。

吹き出しはグラフと説明内容の関連性が強まるので、そのグラフのメッセージを強調するのに最適です。例えば吹き出しを使ってグラフに影響を与える外部要因を追記し、「どうしてこのような結果に至ったか」を伝えることで、メッセージに説得力を与えられます。

グラフのデータって何年分見せるのがいいの？

データの「取り方」「見せ方」も腕の見せ所！

グラフの基本

BEFORE

このグラフから言えることはさまざま

製品Aは最近急激に伸びているようだから今後も期待できるかもしれない

製品Cは不況でもあまり落ちていなくて堅調だが、今後はどうか

「どんなグラフでも○年分のデータ」のルールはない

過去数年のデータを元にグラフを作る場合、「3年分では少ないかな」とか「5年分あればまあいいかな」とかさまざまな考え方があります。ただし、どんな資料でも一律の期間のデータを採取してグラフを作るのはオススメしません。なぜなら、メッセージの本筋に直接関係のない影響も含まれたデータを使うと、メッセージが正確に伝わらない場合があるからです。

データは、どこを採取するかで、見え方や伝わる内容が変わってきます。伝えたい内容が一番伝わるデータを採取しましょう。データを採取する前には、どのようなストーリーを語るつもりかをもう一度思い返し、どこが伝えたい内容に必要なのか、どんなふうに見せればいいのかを検討しましょう。

ここでは上の左のグラフの数値を元に、それ

POINT

- グラフは、必ずしも一定の期間のデータを出せばいいわけではない
- 語りたい内容に応じてデータの採取期間や切り口、見せ方を変える
- 何のためのグラフなのかを考えて、採取期間や切り口を検討しよう

AFTER

切り口次第で伝わる内容は変わってくる

製品Aを売り込む資料なら、一番上の見せ方がベスト

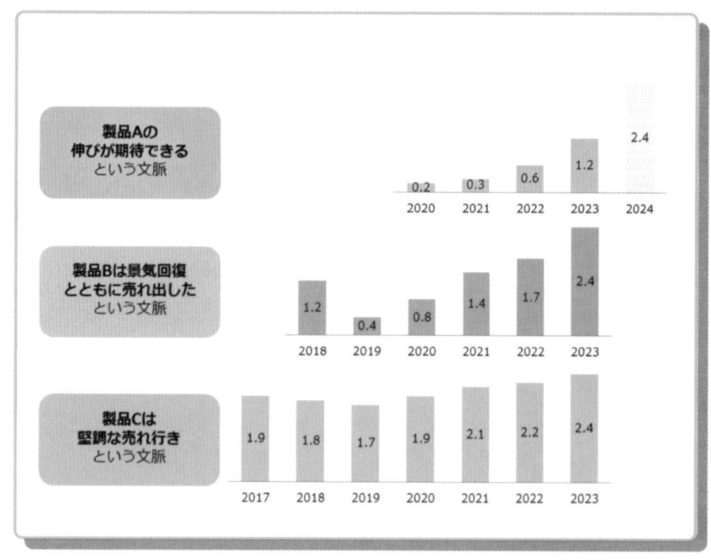

製品Cの安定した売れ行きをアピールしたいなら一番下

ぞれの目的に合わせた3つの見せ方を紹介します。このグラフから言えることはさまざまなので、伝えたい内容に応じて紐解きます。

例えば、「製品Aの伸びが期待できる」という文脈の場合は、実際伸び始めた2020年からのデータでグラフを作るのがよいでしょう。年数が少ない場合や、今後の成長を強くアピールするなら、翌年の予想を加えるのもよいでしょう（ただし、その数値を達成しないといけないので大変ですが）。

また「製品Bは景気回復とともに売れ出した」という文脈であれば不況直前の2018年からがよいでしょう（2017年から2018年は不況に関係なく減少しているため）。

そして「製品Cは堅調な売れ行き」という文脈では、最大幅の2017年から作成します。

グラフの基本

グラフの減少幅をなるべく目立たせないようにしたい…

「上にメッセージ、下にグラフ」でネガティブ感を緩和

BEFORE

減少幅が強調されすぎてしまう

グラフの横幅が小さく、一番左のグラフと右のグラフの差がちょうど倍近い差に

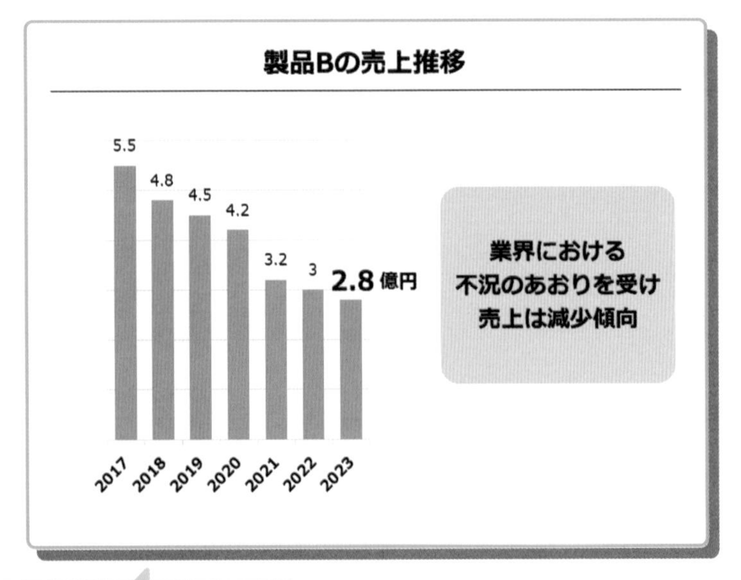

減少幅のインパクトが強烈すぎて、ネガティブな印象が強調されてしまう

LESSON 3 グラフ

減少するグラフは縦横比とメッセージがポイント

業績や売上は、成長することもあれば、減少することもあります。プレゼンでは、こうしたネガティブな情報を伝えなくてはいけないこともあります。このようなとき、売上の減少などを緩やかに見せるにはどうすればよいでしょうか。　まずは作例を見てみましょう。上の左の作例は、スライドを左右に分割したレイアウトで、左に棒グラフ、右にメッセージを配置しています。グラフの縦横比を見ると横が短いので、相対的に高さの比率が倍になる分、差分が大きく見えます。

しかしこれでは、差分だけがクローズアップされ、そこだけに目がいってしまいます。本当は、資料の本題は「こういった結果だから、どうする」という解決策を示すことなのに、差分だけに目がいくことで、必要以上に不安があお

POINT

- 「左にグラフ、右にメッセージ」だと減少が強調される
- 「上にメッセージ、下にグラフ」だと多少緩やかに見せられる
- 過剰な演出は信頼性を損なうので、適切な範囲で使う

AFTER

グラフの横幅を大きくすることで減少具合が緩やかに

ネガティブな印象をある程度抑えられる

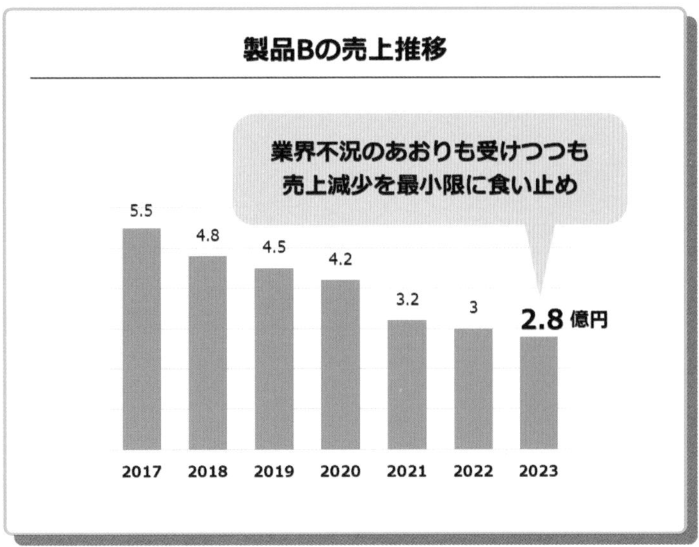

上にメッセージを入れて、「減少の要因＋それに対してどう対応したか」を伝える

られ、本来のゴールに到達しない可能性があります。

一方、横軸の幅を左の作例よりも倍にして、上にメッセージ、下に棒グラフを入れると、グラフの縦横比が変わったことで、左のページのグラフに比べ減少幅が緩やかになります。このようにグラフの見せ方でも、ある程度のリカバリーをすることが可能です。

このとき、グラフの上に入れるメッセージも、ネガティブな印象になりすぎないよう前向きな表現にすると、相手に続きを聞いてもらいやすくなります。

とはいえ、このような演出はあまり過剰に使いすぎると鼻についたり、もしくは信頼性を損ないかねません。あくまでも業績自体の回復を最優先にしつつ、適切な範囲で使いましょう。

031

どのグラフをどう使えばいいのかわからない…

もう悩まない！ 目的別にグラフを使い分けよう

グラフの基本

それぞれのグラフの特徴を知って目的に合わせて使おう！

❶ 量の違いを伝える 縦棒グラフ・横棒グラフ

縦横の棒グラフは、最もよく使うグラフです。縦棒グラフは、年度ごとの売上や営業利益など、主に量の変化を示したい場合に使われます。横棒グラフも量の違いを示す場合に使われる点では縦棒グラフと同じですが、アンケート結果やランキングのように、数字ではなく項目名が重要かつ長い場合によく使われます。

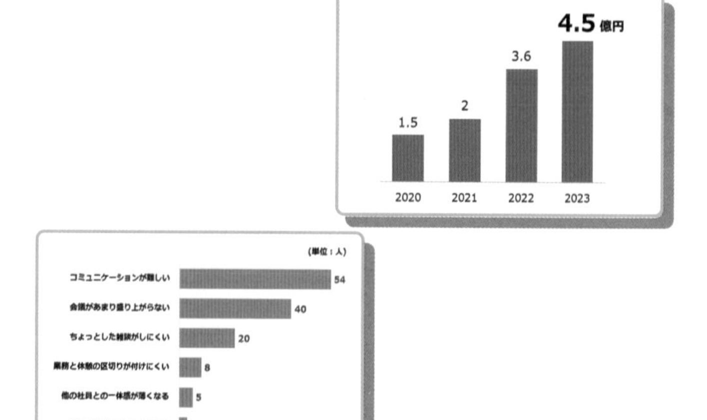

❷ 数値の変化を表現する 折れ線グラフ

折れ線グラフは、気温や時間の変化など量ではなく純粋な数値を表現する場合に使われます。また、棒グラフよりも数の連続性が強調できることから、株価や社員数といった、年度に1回きりでなく、絶えず変化する事柄の量を表現する際にも使われます。

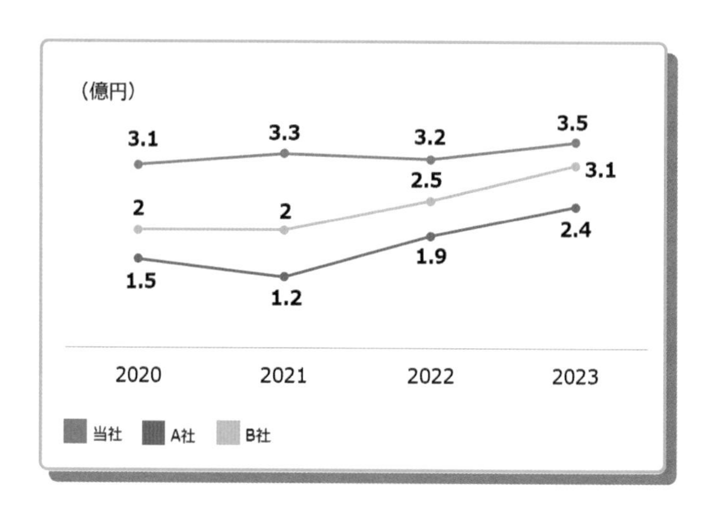

POINT

- グラフを使うときは使う目的に合わせて選択しよう
- 「とりあえずグラフ化」は逆に誤解を招く可能性があるので注意
- それぞれのグラフに「得意な表現・適していない表現」がある

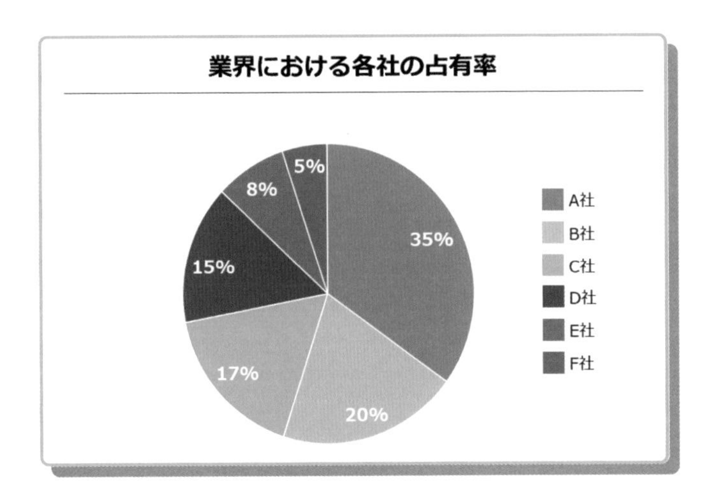

❸ 全体の割合を示す円グラフ

円グラフは、各要素が全体に対してどのくらいの割合を占めるか示す際によく使われます。他のグラフが基本的に数量の変化を表すのに対し、円グラフはパーセント（＝合計が100）で表現される場合がほとんどです。社員の年代比率や、事業の構成比率などで使われます。

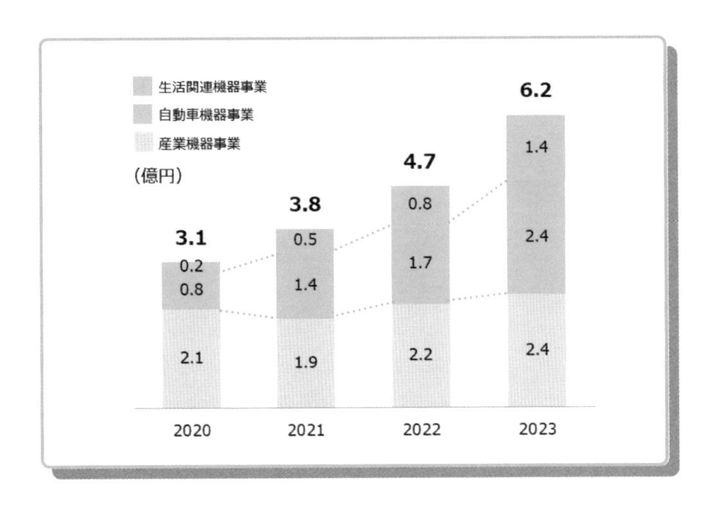

❹ 量と比率を伝える積み上げ棒グラフ

積み上げ棒グラフは棒グラフの一種ではありますが、棒グラフと円グラフの特性を併せ持ったグラフと言えるかもしれません。例えば、「営業1・2・3グループの売上合計」のように、基本的には量を示すものの、加えて各要素の比率も示すことができます。

売上の上昇やコストダウンを強調したい！

ポジティブな数値の増減は棒グラフで「量」をアピール

棒グラフ

BEFORE

あっさりしすぎて実感が伴わない

数値的には3倍になっているけど、すごさがいまいち伝わらない…

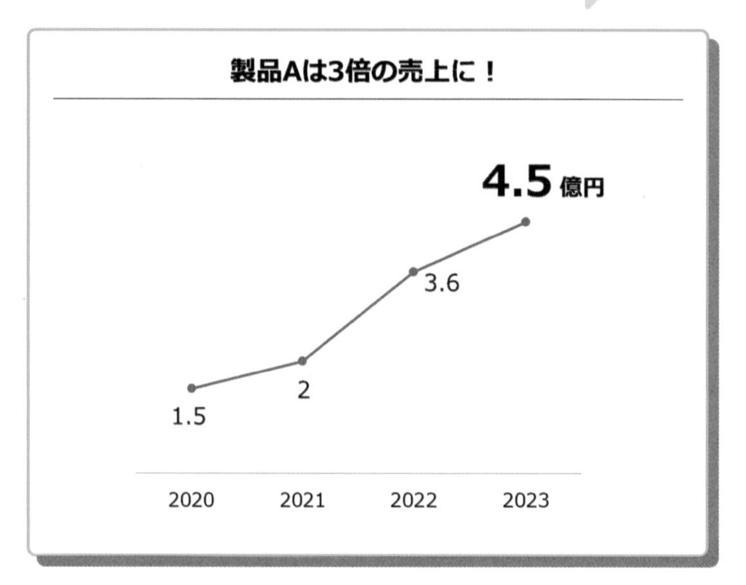

棒の面積によってボリュームの変化がわかりやすい！

前項の通り、パワーポイントで作成できるグラフはさまざまあります。必ずしも正解や不正解があるわけではありませんが、グラフの特徴を理解した上で使うと、より説得力のある資料になります。ここでは棒グラフを使うことでよりメッセージを強調できる例を紹介します。

まず、上の左のグラフを見てください。これは「製品Aの売上が3倍になった!」ということを折れ線グラフで表現しました。もちろん使い方としては間違っていないのですが、何となくあっさりして物足りないような気もします。その理由は、数値上もマーカーの位置もきちんと3倍になっているものの、デザインとしての見た目である線分やマーカーの大きさが同じため、実感が伴いにくいからだと言えます。

そこで、このグラフを棒グラフに変えてみま

POINT

- 折れ線グラフは見た目の印象に変化がつきにくいので量のアピールには不向き
- 棒グラフは数値を棒の長さ（面積）で表現できるので数値の変化を実感しやすい
- 売上の増加のように数値の増加が好ましい場合は、結果をより大きく感じさせやすい

AFTER

左のグラフと数値は一緒なのに、棒の面積＝量で売上の増加を実感できる

棒の面積＝物量によって実感を伴う

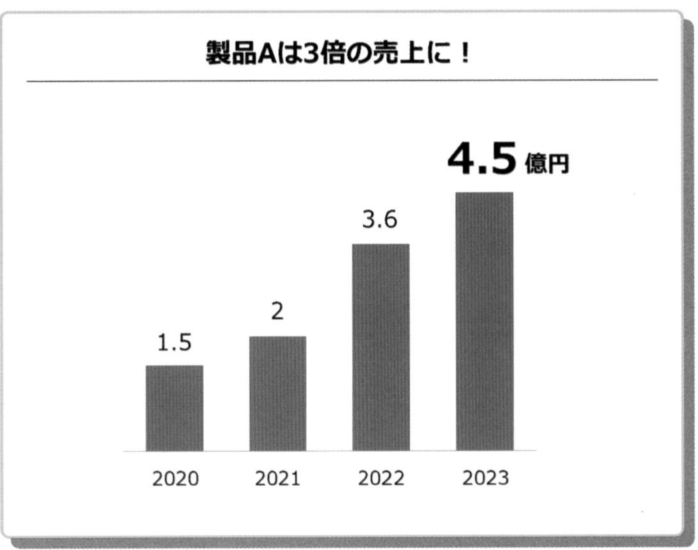

結果を大きく感じやすいので、このグラフのメッセージを強くアピールできる

す。上の右の作例を見てください。データはまったく同じで、左の作例のマーカーの位置と棒グラフの高さは揃っています。しかし、**棒グラフでは、数値の量＝棒の長さ（面積）**になっているため、「3倍になった」という実感をより強く感じることができます。特に、売上のように**数値の増加が好ましい場合は、結果をより大きく感じさせることができる**のでオススメです。

また、70ページの作例のように、大幅なコストダウンなどのアピールでも使えます。

棒グラフは折れ線グラフのように連続性を示す目的にはあまり向いていませんが、個々の物量の変化を表現する場面には適しています。

もし折れ線グラフで表現するなら、マーカーの大きさを数値に応じて大小変えることで、同じような印象を持たせることもできます。

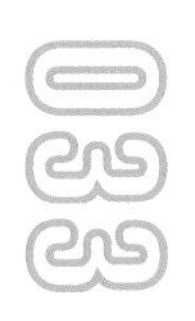

棒グラフ

アンケートやランキングのグラフが見にくい…

横棒グラフなら長い項目名でも読みやすい

BEFORE

縦棒グラフだと項目名が小さくなってしまう

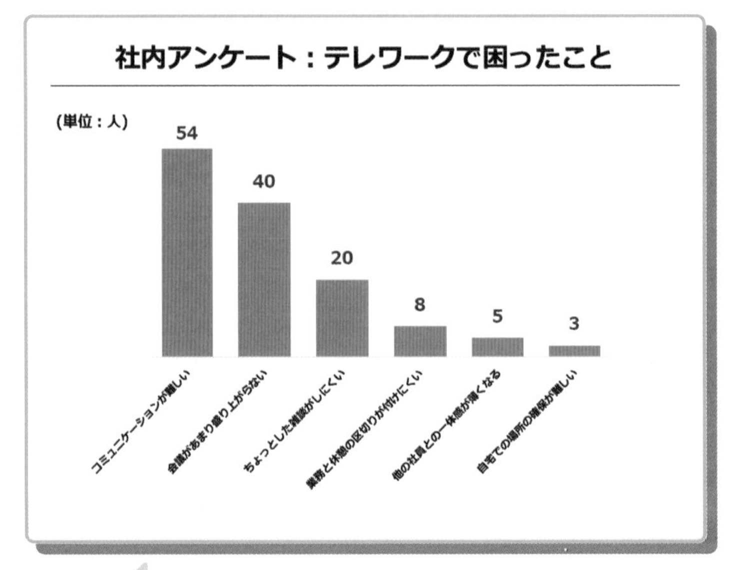

このグラフで見せたい「アンケートの項目」が読みにくくなってしまっている

縦棒グラフで長い項目名をまとめるの難しくないですか？

縦棒グラフを使うとき、軸の項目が数値や年度など、項目名が短ければ問題ありませんが、例えばアンケートの集計結果やランキング発表のような、文字数が多く名称の長い項目だとしたらどうでしょう。

もしそれをグラフの横軸に設定してしまうと、上の左の作例のように、文字が小さくなって読みにくいです。またグラフ自体も項目名にスペースをとられてしまい、窮屈に見えてしまいます。かといって、文字を折り返すと隣の項目名と接してしまいますし、縦書きにしても文字の小ささは解消されません。つまり、**縦棒グラフは、長い項目名を軸とする数量の表現には、あまり適しているとはいえません。**

こういった項目名が長い場合は、横棒グラフを使用してみましょう。これならば**縦軸の項目**

POINT

- 縦棒グラフは長い項目をレイアウトするのが難しい
- 項目名が長い場合は横棒グラフを使うと項目名が読みやすくまとまる
- 各項目に時系列がなく、純粋に票数など数を比べる場合に最適

AFTER

票の多い項目が上に来ると直感的にわかりやすいグラフになる

項目も票数も見やすくなった

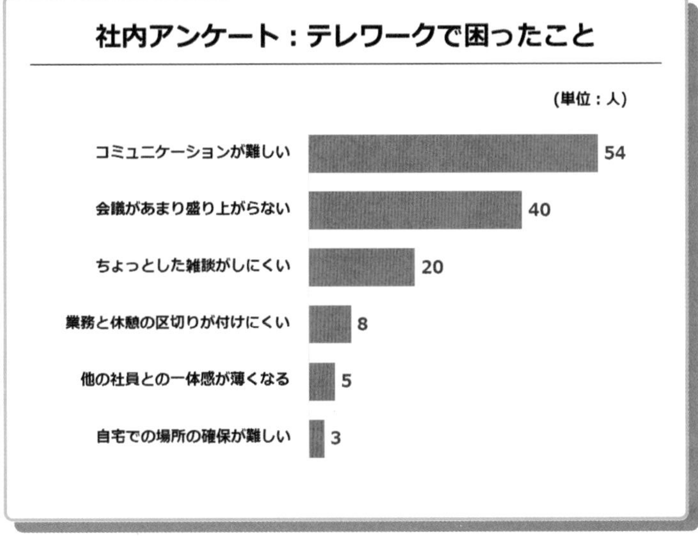

質問項目が読みやすく、内容も比較しやすい

名により広いスペースを使用できるので、上の右の作例のように、ずっと読みやすくなります。どの項目がどのグラフと対応しているのかもわかりやすく、グラフそのものも窮屈な印象にならず、レイアウトがすっきりまとまります。

また、アンケートやランキングは得票数の多い項目が上から順に並んでいたほうが自然なので、見え方としても直感的にわかりやすく、グラフの役割としても合理的だと言えるでしょう。逆に年度別の数字を比べる、といった場合には横棒グラフは適していないので注意してください。

一般的に「棒グラフ」といえば、おそらく縦棒グラフが思い浮かぶのではないかと思いますが、横棒グラフには横棒グラフ独自の存在価値があるので、データの内容や項目名に応じて使い分けるのがオススメです。

複数の売上遷移をわかりやすく説明したい

複数の変化は折れ線グラフでスッキリ！

折れ線グラフ

BEFORE

同じ会社のグラフが離れているのでいちいち比較するのが面倒

同一項目が連続しないので見にくい

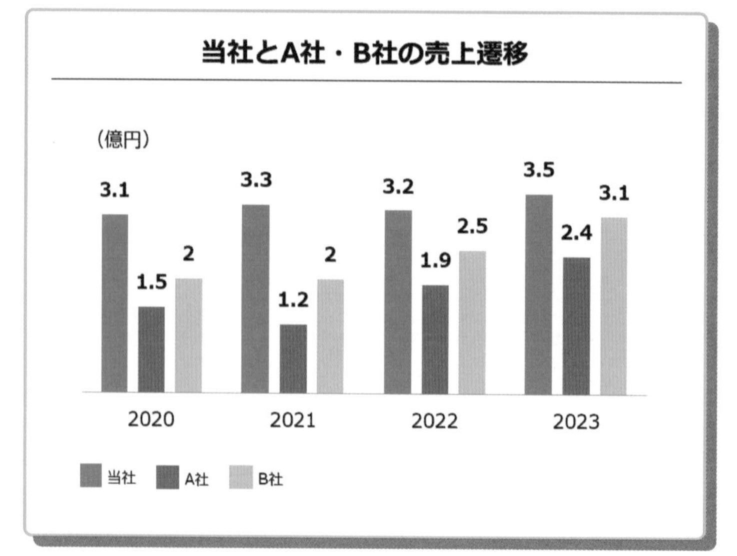

ごちゃごちゃした印象が強く、各社の変化を捉えにくい

「売上だからとりあえず棒グラフ」は避けましょう

売上だからといって、何でもかんでも棒グラフがいいわけではありません。シーンによっては、棒グラフが向かないこともあります。

上の左の作例は、3社の売上の変化を棒グラフで表現してみました。ところが、数値に実感はわくものの、1つの年に3項目もあるため、次の年の同じ項目までが遠くて比較がしにくく、パッと見もごちゃごちゃと見にくい印象です。もしこれが10社分の売上が横並びになっていたら、たとえ色分けされていたとしても見る気が起きません。また、各項目の棒が隣接しているため、棒の上の売上を示す数値も窮屈に感じられます。

このように、金額＝量を示すからといって、一律で棒グラフで表現すればいいわけではないのです。より見やすい表現を考えてみましょう。

POINT

- 複数項目の変化を見せたいときは、棒グラフだと項目別に比較しにくい
- 線でつながりが見える折れ線グラフは複数項目の変化を同時に捉えやすい
- 項目が４つ以上に増える場合は数値と折れ線の色を統一するとより見やすい

AFTER

線でつながりが見えるので変化をつかみやすい

線でつながっているので、各項目の変化を追いやすい

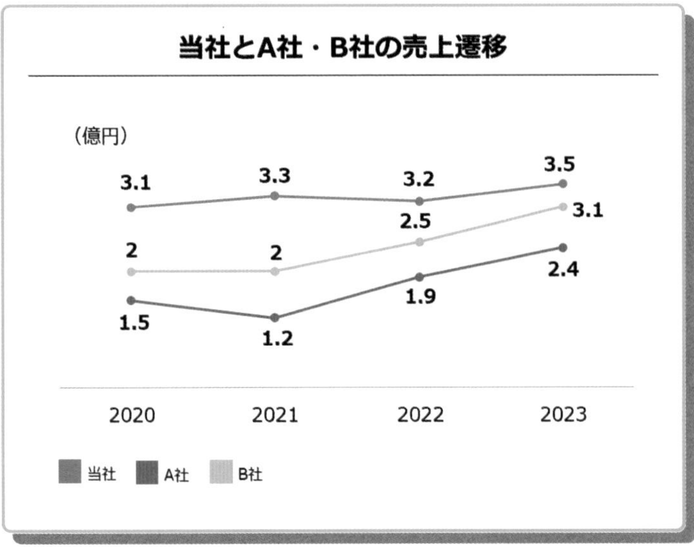

全体的にすっきりして数値も見やすく変化を実感できる

上の右の作例では、折れ線グラフを使用してみました。このグラフでは、自社の売上にボリュームが感じられることよりも、３つの要素をわかりやすく表現することの優先度が高いです。そのため、３つの要素の変化がわかりやすい折れ線グラフがより適しています。折れ線グラフであれば、たとえ10社の比較になったとしても、棒グラフのように横幅が何倍も伸びることはありません。

ただし状況によっては折れ線が複数重なって見にくくなる場合は、縦軸の最小値を変えましょう。なおこの例では比較要素が３つなので、数値は黒一色で統一しています。項目が増えた場合には、数値の色を折れ線に揃えて色分けするなどの工夫をすると、より見やすいグラフになるでしょう。

円グラフって面積で比較できて便利ですよね？

円グラフ

円グラフは「割合」を示すときに使う

BEFORE

それぞれの面積から変化を直感的に比較しにくい

円グラフは数値の比較には使わない

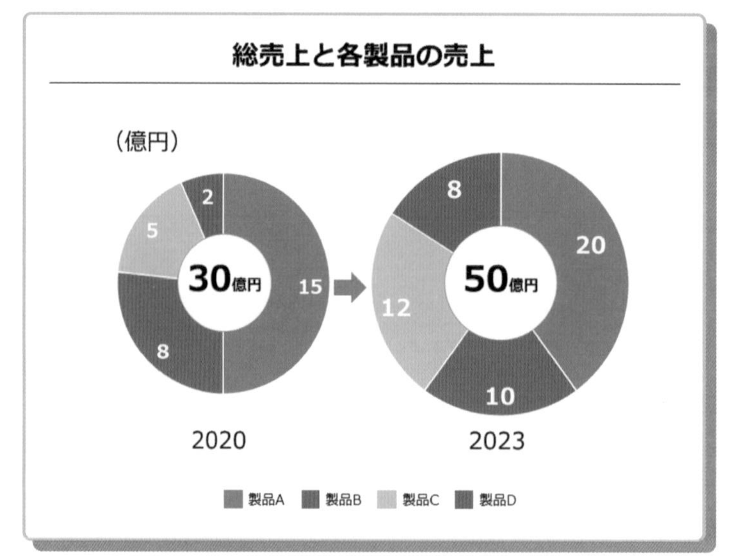

全体の量が変わっているので金額の増減と面積の増減が一致しない

円グラフの比較はアテにならない！

上の左の作例は、複数の製品の売上と、売上構成の増減について円グラフで示しています。このように「総量とその内訳の変化を見せたい」から円グラフを使う人がたまにいます。しかし、こうした総量が変わるシーンで円グラフ同士を比較するのは避けましょう。確かに円グラフ内に製品ごとの金額を示す数値が明記されていますが、製品ごとのシェアを示す形状が変わっているので、面積からは2020年と2023年での変化を直感的に比較しにくいのが実情です。

また、2020年と2023年とで売上総額も異なっているので、ますます比較が難しくなります。特に製品Bは、売上が8億から10億に増えているのに、円グラフの構成比率としては下がっているため、面積が減って、まるで売上そのものが減ってしまったかのように見えます。

COLUMN

構成比の比較なら円グラフでもアリ

構成比の比較であれば、円グラフが有効なことがあります。右のグラフは、売上とその構成比を示しており、メッセージは「メイン事業の変遷」です。このように、数値でなく割合の比較であれば成立します。

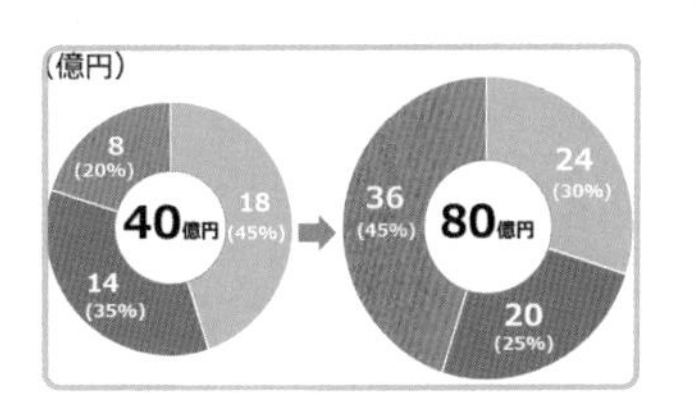

各社のシェアなど比率を単体で見せたいときには向いている

AFTER

比率を単体で示すときだけに使おう

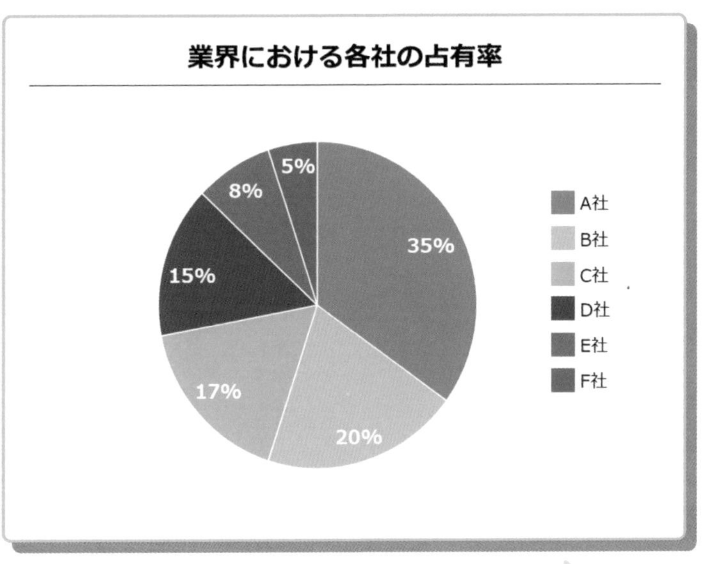

面積から比率の違いを直感的に捉えやすい

　つまり、円グラフは上限が決まっていない数量を表したり、年ごとの比較をしたりする目的には不向きなのです。上の右の作例のような各社のシェアや単年度の自社の売上構成比など、比率を単体のグラフで示したいときに限って用いるのがオススメです。比率は必ず合計が100%で総量が変化しないため、面積から直感的に比率の違いを実感できる円グラフが最適です。左の作例のように、総量およびその構成内容の増減を表すときは、96ページの「積み上げ棒グラフ」を使うのがオススメです。

　なお、上の右の円グラフの目的は「各社の占有率」を示すことなのですべての項目を色分けしていますが、「我が社（A社）の占有率」を示すのが目的なら、A以外はグレーなどの色にして控えめに表現します。

036

積み上げ棒グラフ

連続性と量、どっちも見せたい！

積み上げ棒グラフは「ひと手間」かけて変化を見せる

LESSON 3 グラフ

BEFORE

量と変化、どっちも見やすいけどあと一歩

量を表現しつつ、各項目の変化も一応表現できる

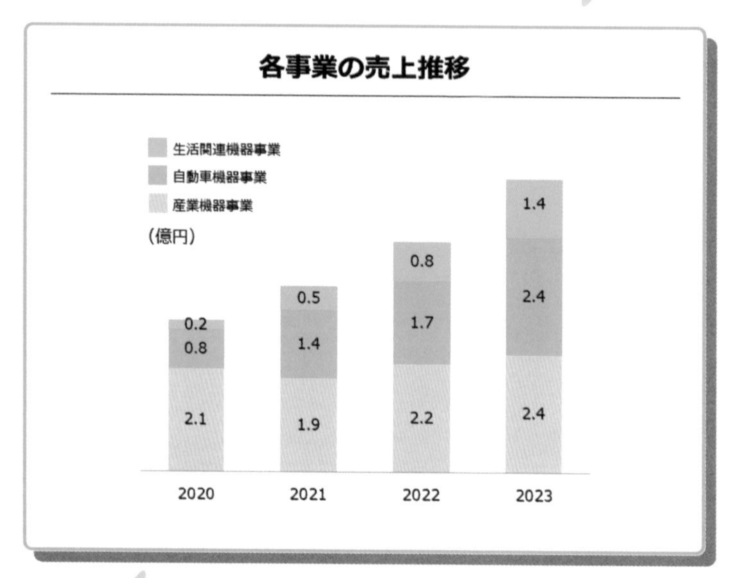

各項目の高さが揃わないので、それぞれの変化は追いづらい

太めの横幅＋補助線で見やすく

全体の量を表現しつつ各項目の変化も示したいときは、積み上げ棒グラフが適しています。例えば、上の作例のように、全体の売上の推移を見せつつその内訳を見せ、さらにジャンルごとの売上推移を見せたい場合などに最適です。

コツは、棒の横幅を太めにすること。数字を中に入れることができるので、すっきりした印象になります。高さが低い項目は数字がやや入れにくいですが、多少はみ出てもよいので、できる限り棒の中に配置しましょう。引き出し線などを使って外に出してしまうと、どの項目の数値なのかがわかりにくくなります。上の作例の場合、2020年の生活関連機器事業の売上数値である「0.2」はやや飛び出してしまっていますが、ここでは項目との関連性のわかりやすさを重視したいのでそのままにしています。

POINT

- 積み上げ棒グラフは全体の量、内訳、各項目の変化の３つを同時に見せることが可能
- 棒を太めにして各項目の数値は棒の中に、合計値は一番上に大きめに配置
- 補助線を引いて項目ごとの変化を明確に示す

補助線を引くと項目ごとの変化がわかりやすく、「全体が伸びている中でも一番上の事業が成長している」という説明も可能

AFTER

合計値と補助線を加えてさらに見やすく！

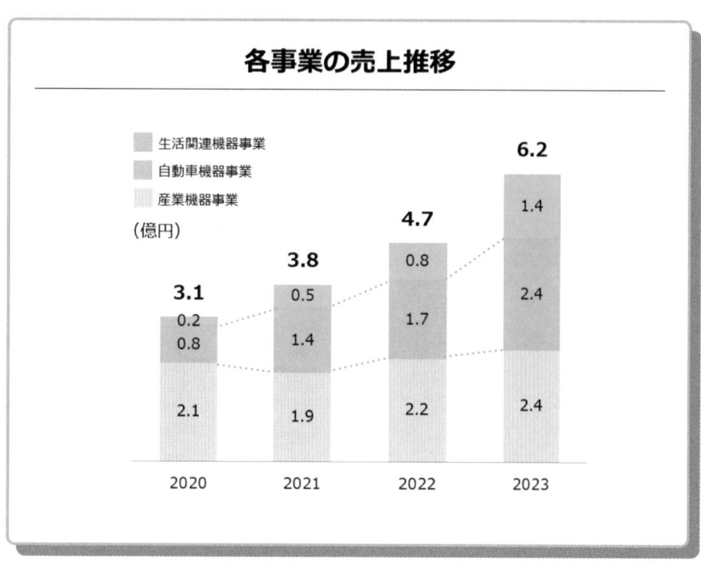

合計値を示すと、全体量の伸び方も提示できる

積み上げ棒グラフは各年の項目の高さが揃わないので、補助線を引いて項目をつなげると、項目別の変化をつかみやすくなります。量を見せる棒グラフと、変化を見せる折れ線グラフを合わせた形だと言えます。ちなみに、周囲のオブジェクトに干渉されて補助線の位置がずれるなど思い通りに動かせない場合は、Altキーを押しながらだと微調整しやすいです。

ところで、積み上げ棒グラフを作成する場合、それぞれの内訳ごとの数値はデータラベルとして表示されますが、合計の値は表示されません。ここでひと手間かけて、合計値を示すと全体の売上の変化が捉えやすくなります。詳しくは98ページを参照してください。さらに、合計の値であることがわかるよう、各項目の値よりサイズをやや大きくすると見やすく親切です。

編集しやすいグラフ制作＋αテクニック

積み上げ棒グラフの合計値はエクセルと連動させよう

制作手順

合計値はエクセルと連動するよう入れたほうが便利！

97ページで、積み上げ棒グラフでは棒グラフの一番上に合計値を大きめに入れると、全体の売上の変化を捉えやすくなると説明しました。データが確定しているのなら、グラフ上部にテキストボックスで合計値を直接入力してもいいですが、**エクセルのデータと連動するように設定**しておいたほうが再利用する場合に便利です。

❶ まずはエクセル上に合計値を追加する

	A	B	C	D	E
1		系列 1	系列 2	系列 3	系列 4
2	2020	2.1	0.8	0.2	3.1
3	2021	1.9	1.4	0.5	3.8
4	2022	2.2	1.7	0.8	4.7
5	2023	2.4	2.4	1.4	6.2

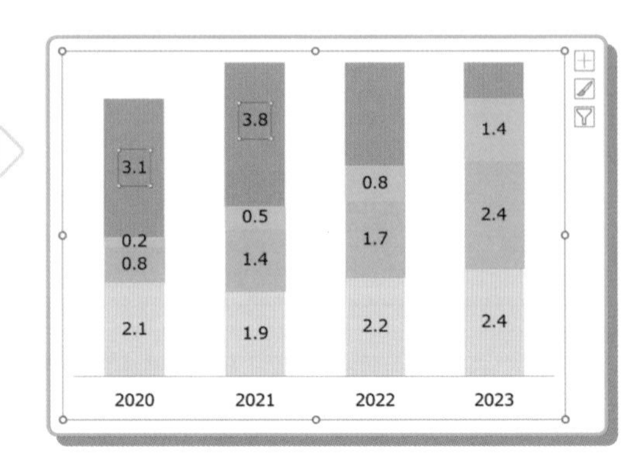

グラフを右クリックし「データの編集」→「Excelでデータを編集」の順にクリックします。エクセルのデータが表示されたら、各項目の合計値のフィールドを追加し、それぞれの合計値を入力します。すると、グラフの上に、合計値の数値とそれと同じ量の棒がのる形で表示されます

❷ グラフの縦軸を表示する

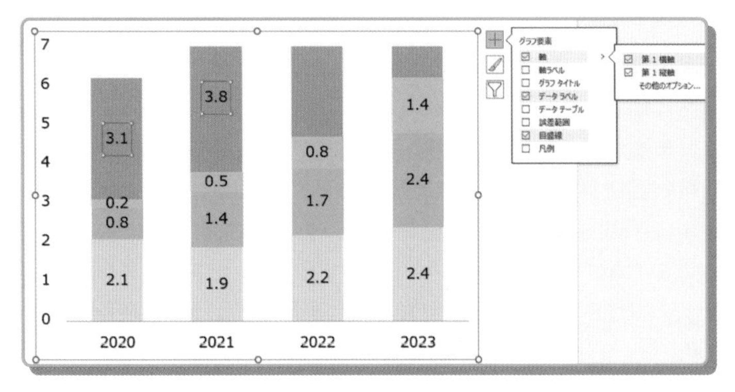

このグラフではもともと縦軸を表示していないので、グラフの枠を右クリックし、「＋マーク→軸」の順にクリックし、「第1縦軸」にチェックを入れて縦軸を表示します

COLUMN

補助線を引く際はAltキー

積み上げ棒グラフに補助線を引く際、補助線を思い通りに動かせない場合は、補助線を選択し、Altキーを押しながら動かすとキレイに配置することができます。

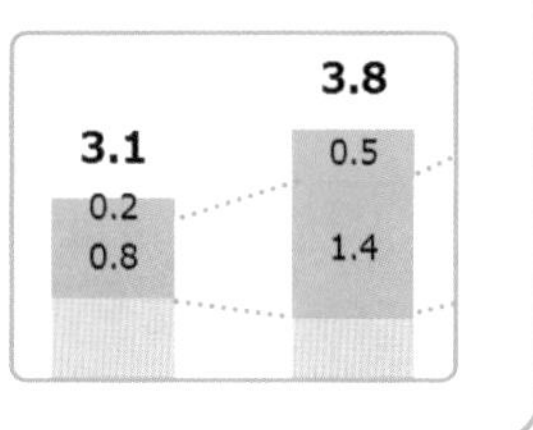

❸ 合計値の位置を調整

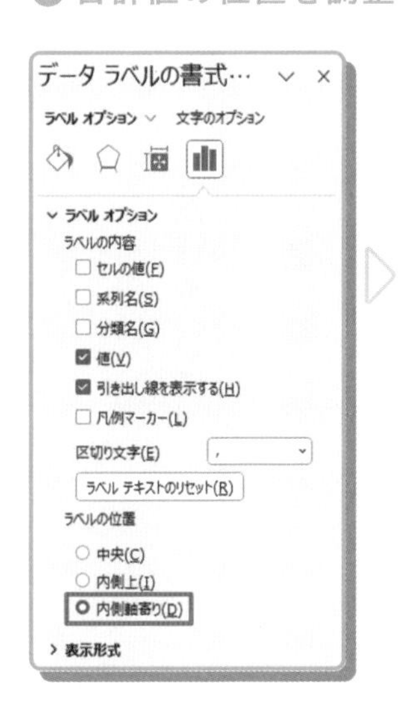

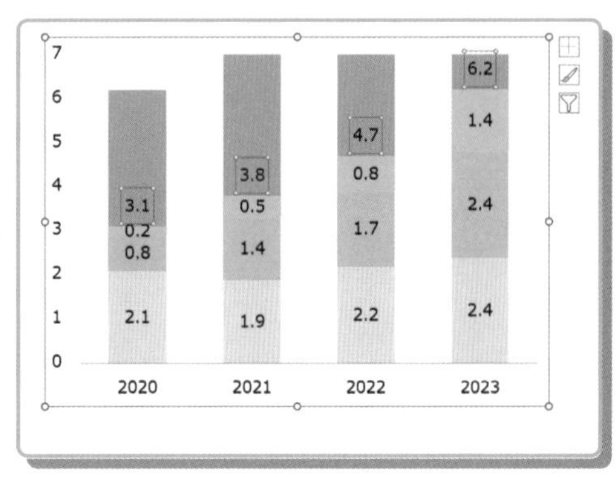

縦軸が表示されたら、合計値を選択して右クリックし、「データラベルの書式設定」をクリックして「データラベルの書式設定」を表示します。「ラベルの位置」を「内側軸寄り」に設定します。すると、合計値が合計値の棒の中で一番下に表示されます

❹ 合計値の棒と縦軸を消して完成!

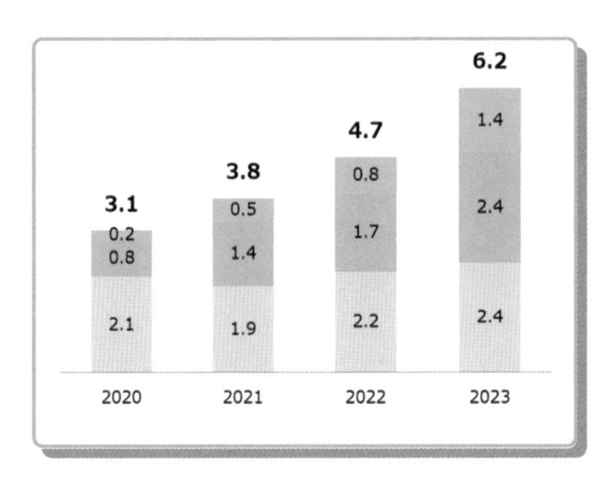

合計値の棒のグラフ部分を右クリックし、「塗りつぶし」→「塗りつぶしなし」の順にクリックすると、透明になります。縦軸は❷の手順とは逆に、「第１縦軸」のチェックを外して再度非表示にします。すると、積み上げ棒グラフの棒の上に合計値だけが表示されます。これならデータを編集すると合計値も連動して変わります

グラフ1枚でまとめたいけどどうすれば…

折れ線と棒グラフを組み合わせてわかりやすく

折れ線＋棒

BEFORE

それぞれの数字はわかるけど
まとめて情報を知りたい

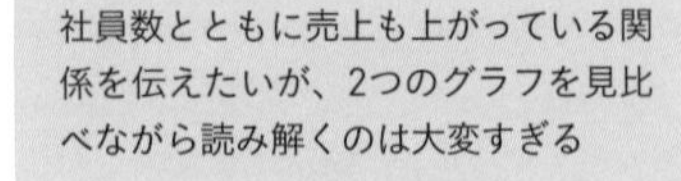

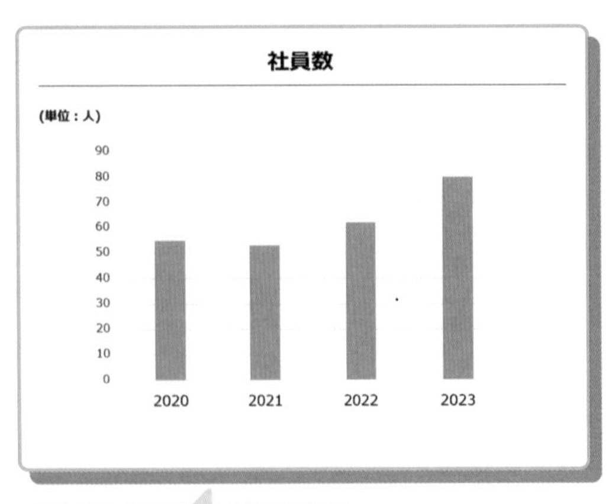

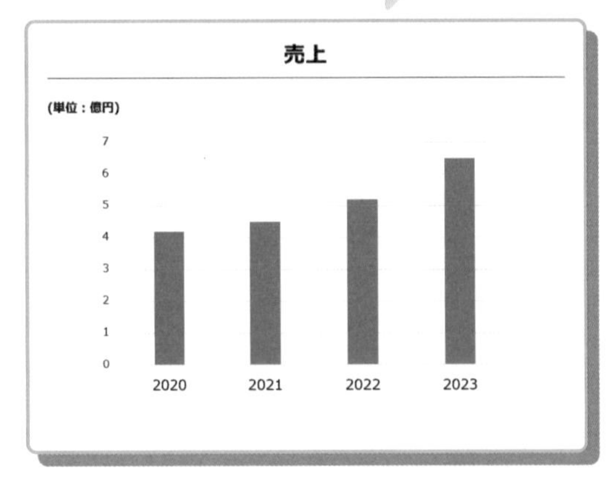

2つの棒グラフを横に並べればよいという問題ではなさそう

LESSON 3 グラフ

組み合わせのグラフはどんなときに使うのか？

ここまで、1つの事柄を示す場合にどのようなグラフを使えばよいかをお伝えしました。しかし時には2つの事柄の関係性を示して1つのメッセージを伝えたい場合など、1枚のスライドで複数の事柄のデータを同時に見せて説明したいこともあります。上の左の作例のように、売上と社員数の関係性を示したい場合、それぞれ独立したグラフを横に並べても、いちいち左右を見比べる必要があり見る側は面倒です。

そのような場合は、組み合わせグラフを使いましょう。売上と社員数、どちらも量をポジティブに見せる要素ではありますが、基本的には売上が重要な要素であるため、売上を棒グラフ、社員数を折れ線グラフに設定します。右の上の作例の場合、左の第1縦軸が売上、右の第2縦軸が社員数になっていますが、それぞれの最大値を調整して、重ならないようにグラフをレイアウトすることがポイントです。また、データラベルを表示させると、左右の縦軸を参照しなくてもよいので、より見やすくなるでしょう。

POINT

- 2つの異なる事柄のデータの関係性を伝えたい場合は「組み合わせグラフ」を使う
- 重要な事柄を棒グラフにして左の第１縦軸に、もう１つの事柄を折れ線にして右の第２縦軸に設定
- 2種類のグラフが重ならないように縦軸の最大値を調整して見やすくする

AFTER

社員数の増加とともに売上が伸びていることがわかる

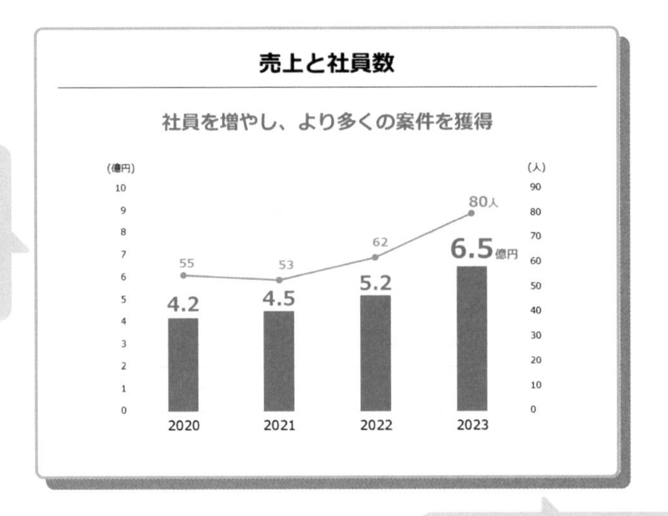

それぞれの要素の関係性を強調することで、より理解しやすいグラフになっている

1枚のスライドで伝えることができ、見る負担が減る

2種のグラフが重なると見にくいので注意

棒と折れ線グラフが重なってしまう場合は、「軸の書式設定」で最大値を変更すれば、それぞれの位置を調整できます。またグラフを右クリックすると出てくる「グラフ要素」で、データラベルを表示させると、グラフのそばに数値が表示されます。

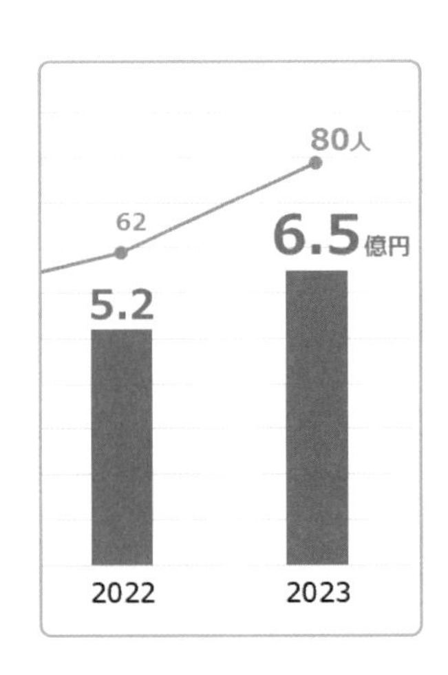

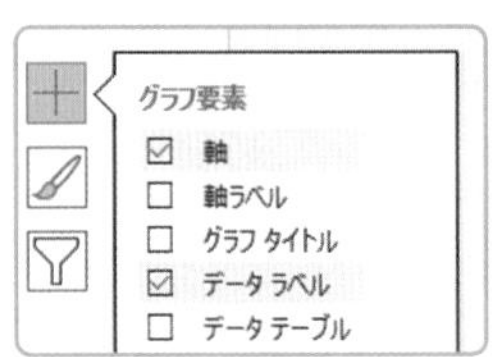

効率のよいグラフの作成方法は？

グラフはエクセルとパワポを行き来して編集しよう

制作方法

パワポで新しく作るか、エクセルのグラフをコピーするか

パワーポイントでグラフが必要になった場合、大きく分けて２つのケースが考えられます。１つ目は、数字だけのデータがあるケース。例えば、上司や他部署からメール本文に売上の数字だけが書かれたものが送られてきて、それを元にグラフを作るなどです。２つ目は、あらかじめエクセルのデータが用意されていてエクセル上でグラフが作成されているケース。営業部などでは売上をエクセルで管理することが多いと思うので、後者のほうが多いかもしれません。

新しくグラフを作る場合は「挿入」で

１つ目の場合は、パワーポイントの「挿入」でグラフを作成しましょう。「挿入」タブ→「グラフ」の順にクリックすれば、用途に応じたグラフを挿入できます。簡単なグラフであればパワポ内で完結できますが、右クリックで「データの編集」を選択すると、エクセルを使ってデータ編集を行うことができるので、ここに数字を入力して編集しましょう。

関数を使うような複雑な計算はエクセルで行い、見栄えはパワポ上で整えると効率がよいです。特に１枚のスライド上にグラフが図解やテキストと混在する場合は、パワーポイント上での見た目の調整は必須です。

パワーポイント上でグラフを作成する

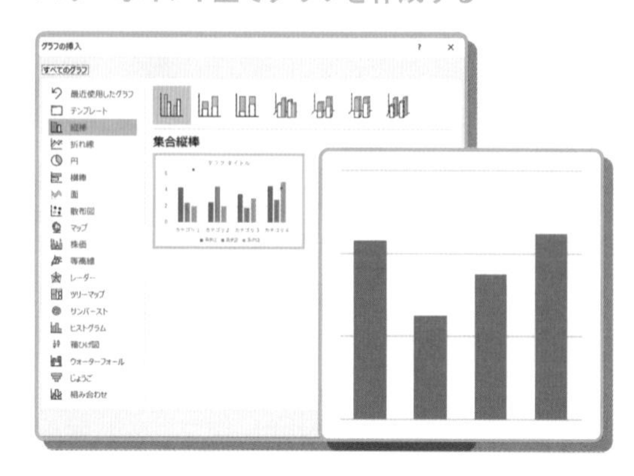

数値の編集はエクセルで

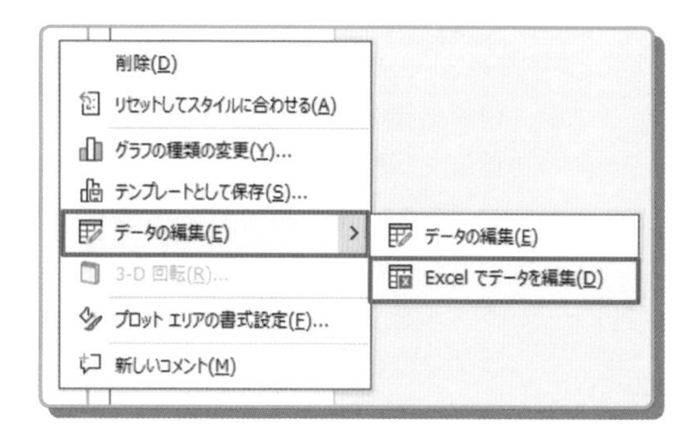

POINT

- パワポでグラフを新たに作った場合、複雑な計算はエクセルで行おう
- エクセルのグラフを貼り付ける場合は貼り付け方法に注意
- 第三者にパワポのファイルを渡す場合は「埋め込み」がオススメ

既存のグラフを活用するなら貼り付け方法に注意!

一方、すでにあるエクセルファイルを活用してグラフを作成したい場合は、エクセル上にグラフがあるなら、それをコピーしてパワーポイントに貼り付ければOKです。ただし、貼り付け方法にはいくつかの選択肢があります。

元のエクセルファイルから独立したグラフとして貼り付けるなら「埋め込む」を、元のエクセルファイルとグラフを連動させるなら「データをリンク」を選択しましょう。ただし、元のエクセルファイルを消すとリンク切れでグラフも表示されなくなるので要注意。また、グラフを編集されたくない場合は、「図」を選ぶと1枚の画像として貼り付けることもできます。

エクセルのデータが絶えず更新されるなら、「データをリンク」がパワポと連動するので便利ですが、常に元のエクセルファイルをセットで管理する手間がかかります。そのため、自分の手元で資料を作成しているときにとどめ、他部署やほかの人に資料のファイルを渡すときは、「埋め込む」にしたほうが安心です。

貼り付けオプションをチェック

❶埋め込む

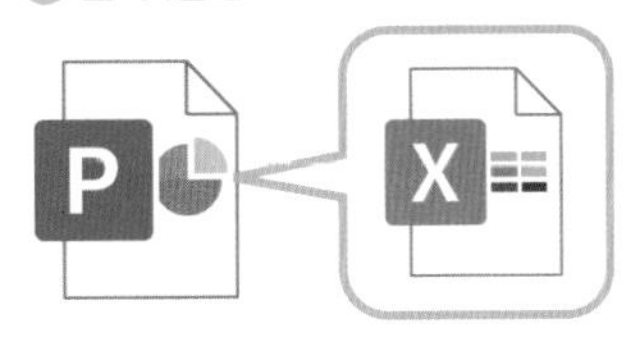

パワポファイルの中にエクセルのブックをそのまま埋め込む。パワポまたはエクセルの書式のどちらで貼り付けるか選べる

❷データをリンク

エクセルファイルと連動していて、内容を呼び出して表示。パワポまたはエクセルの書式のどちらで貼り付けるか選べる

❸図

1枚の画像として貼り付ける（編集はできない）

040 制作方法

パワーポイント上でのグラフの見た目の整え方

「単位」「凡例」「見出し」は別パーツにして整える

SAMPLE_1

このグラフを使ったスライドを紐解くと……

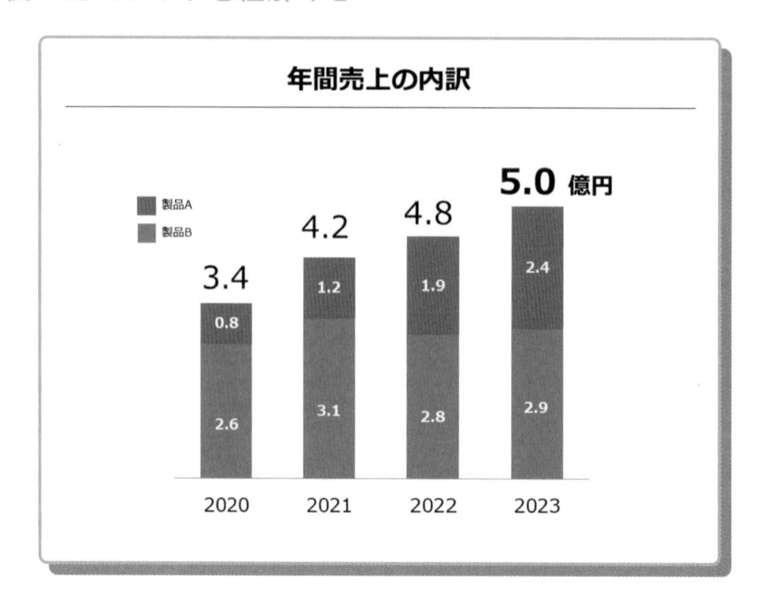

別パーツにしておくと見た目を微調整しやすい

1つのスライドにメッセージや図解などがグラフと混在しているときは、見た目やレイアウトの調整は必須です。データそのものに違いはありませんが、このような心遣いが資料の完成度を高めます。ただし、データを編集した場合に大幅な修正が必要にならないよう、拡張性や汎用性も意識して作る必要があります。基本的には、計算と連動しない部分は、パワーポイント上で別パーツにしておくとレイアウトしやすいです。

まず、棒グラフの数値そのものは、データラベルで加えます。棒グラフを右クリックして「データラベルの追加」→「データラベルの追加」を選択すると棒グラフ上に数値が表れます。この数値はエクセルのデータと連動しているので、自分で別途作り直したりせずそのまま使いまし

POINT

- データと連動している数値はデータラベルで作って、そのまま使用
- 数値の単位は別パーツで作って、数値よりもやや小さくすると見やすい
- 凡例はパワーポイント上で自作すると自由に配置できて便利

SAMPLE_2

データと連動しない部分は別パーツに

凡例や見出しなど計算と連動しない部分は別パーツだとレイアウトしやすい

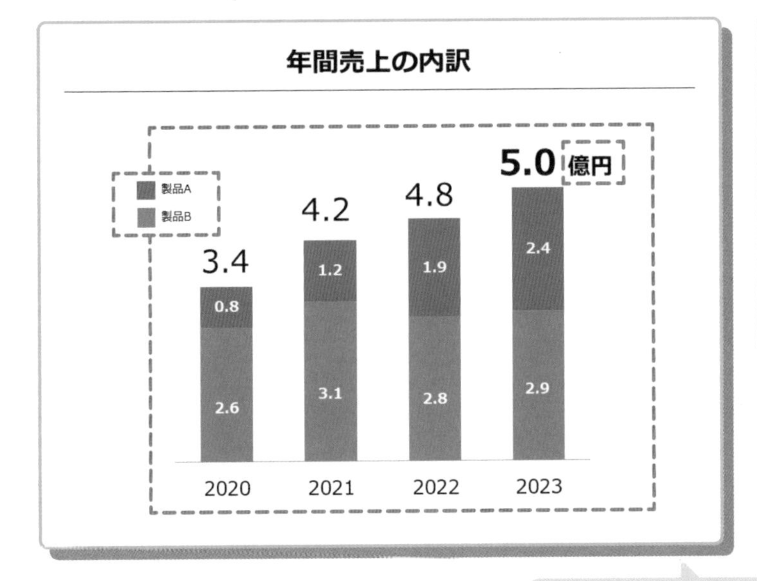

5億円
単位のほうが大きく感じてしまう

5億円
バランスがちょうどよい

単位は別パーツで追加し、数字よりもやや小さくすると数字が見やすい

ょう。ただし、強調したい箇所だけサイズを大きくするなどの編集をすると見やすくなります。また、**数値の単位は別パーツで追加して、数値よりも数ポイント小さいサイズ**にしましょう。たいていの和文フォントの場合、数字は漢字よりも若干サイズが小さく作られているため、同じ文字サイズにすると単位のほうが目立ってしまうからです。これだけでもずっと数字が見やすくなりました。

凡例は、パワーポイント上で作図したほうが、自由に配置できて便利です。ただし、項目が大幅に入れ替わる可能性などは、自分で作図するとかえって修正が手間になるので、パワーポイントの設定のままで構いません。凡例はもちろん、グラフの見出しやメッセージなども別パーツにしておきましょう。

041

表

表の文字がいつもごちゃごちゃしがち

見やすい表は シマシマ背景より白ベース

BEFORE

シンプルなので悪くはないが…

枠線が太いので中の文字列に目がいきにくい

上半期の主な受注

日付	概要	受注金額
2023/1/1	ヒヤシンスホテルグループ様向け案件 オンライン予約システム データ解析	200万円
2023/2/12	クロッカス商事様向け案件 在庫管理システム 要件定義	210万円
2023/3/1	ルピナスレンタカー様向け案件 Webサイト コンサルティング＆データ解析	105万円
2023/4/10	アネモネ物流様向け案件 大阪・京都工場 在庫管理システム コンサルティング	90万円
2023/5/13	アマリリスコンピュータ様向け案件 人材管理システム コンサルティング＆要件定義	85万円
2023/6/8	カトレアシステム様向け案件 グループウェア導入 コンサルティング	120万円
2023/7/20	学校法人ガーベラ大学様向け案件 WebサイトCMS移行 コンサルティング	230万円

文字の大きさを優先したため枠線と文字列の間にゆとりがなく、窮屈で文字を追いにくい

いかに「文字列」を読みやすくするかがカギ！

表は、「文字列を読みやすく」をベースに、最低限のポイントを意識しましょう。

１つ目は枠線は細め（0.25〜0.5pt程度）にすること。枠線が太いと、文字の密度と相まってごちゃごちゃした印象になります。また、太い枠線はその分場所をとるので、肝心の文字列や余白の場所が少なくなります。２つ目は、枠線と文字列の間隔を空けること。間隔が近すぎると文字を追いにくくなるので、文字の大きさを多少小さくしてでも余白を設けるとすっきりします。３つ目は、並びを揃えること。左右は、文章は左寄せ、数字は右寄せ、それ以外は中央寄せが比較的読みやすいです。上下は、だいたい行数が揃っている場合は上下中央で行の高さもすべて揃っているとある程度見やすくなります。また、これは好みもありますが、年月日は

POINT

- 枠線は0.25〜0.5pt程度の細めにするとすっきりした印象に
- 枠線と文字列の間に余白を設けて読みやすく
- 文章は左揃え、数字は右揃え、それ以外は中央揃えに

AFTER

余白・枠線で中の文字を見やすく

文字と枠線の間に余白を作ると文字が追いやすくなって読みやすい

上半期の主な受注

日付	概要	受注金額
2023/01/01	ヒヤシンスホテルグループ様向け案件 オンライン予約システム データ解析	200万円
2023/02/12	クロッカス商事様向け案件 在庫管理システム 要件定義	210万円
2023/03/01	ルピナスレンタカー様向け案件 Webサイト コンサルティング＆データ解析	105万円
2023/04/10	アネモネ物流様向け案件 大阪・京都工場 在庫管理システム コンサルティング	90万円
2023/05/13	アマリリスコンピュータ様向け案件 人材管理システム コンサルティング＆要件定義	85万円
2023/06/08	カトレアシステム様向け案件 グループウェア導入 コンサルティング	120万円
2023/07/20	学校法人ガーベラ大学様向け案件 WebサイトCMS移行 コンサルティング	230万円

ベースは白にして、強調箇所に色を付けたり、ジャンルごとに色分けしよう

「0」を付けて桁を揃えたほうがすべての位置が揃って、読みやすい印象です。

なお、初期設定の行ごとに色が変わったシマ模様の表も、一見、見やすそうですが、列の色分けや注釈などを入れるなら、ベースは無色のほうが後々見やすくなります。最後に、目立たせたい部分に色を付けて強調したり分野ごとに色分けしたりすれば完成です。

シマシマ表は色分けや注釈に不向き

上半期の主な受注

日付	概要	受注金額
2023/01/01	ヒヤシンスホテルグループ様向け案件 オンライン予約システム データ解析	200万円
2023/02/12	クロッカス商事様向け案件 在庫管理システム 要件定義	210万円
2023/03/01	ルピナスレンタカー様向け案件 Webサイト コンサルティング＆データ解析	105万円
2023/04/10	アネモネ物流様向け案件 大阪・京都工場 在庫管理システム コンサルティング	90万円
2023/05/13	アマリリスコンピュータ様向け案件 人材管理システム コンサルティング＆要件定義	85万円
2023/06/08	カトレアシステム様向け案件 グループウェア導入 コンサルティング	120万円
2023/07/20	学校法人ガーベラ大学様向け案件 WebサイトCMS移行 コンサルティング	230万円

042

表

表でサービス比較や業績比較を見せたいけど、見にくくなりがち…

比較表は色と枠で見やすさUP

BEFORE

どこをどう比較すればいいのか迷う

どこを比較すればいいのか判断に悩んでしまう

他社との比較

	当社サービス	A社サービス	B社サービス	C社サービス
価格	200円/ユーザー	200円/ユーザー	300円/ユーザー	150円/ユーザー
レポート	毎週	毎月	毎月	なし
サポート	電話、メール	メール	メール、チャット	メール

前年との比較

	○○社	△△社	□□社
売上	1,200万円	500万円	800万円
新規契約	+2件	0件	-1件
担当	前回案件の対応が好評	下半期から担当者変更	他社サービスを推している様子

数字はきれいにまとまっているけど直感的には内容はつかめない

表は数字をきれいに並べるだけではNG

競合他社とのサービス比較、対前年の業績比較など、資料で比較表を用いたいシーンは多々あります。しかし、表は一覧性には優れていますが、文字や数値が並んでいるだけだと、いくらきれいに整理された表であっても、グラフや図解に比べると直感的には差がわかりにくく、比較しにくいものです。かといって、表自体に説明のための文字情報を加えすぎるとさらに見にくくなります。

そんなときは、背景色や文字の色などを目立たせて、注目してほしい項目を明確にすると、優位点などの伝えたいメッセージがわかりやすくなります。色以外でも、枠を付ける・吹き出しやアイコンを使うなど、文字を使わない方法で表現すると、表自体の情報密度をほとんど上げずに直感的でわかりやすく見せることができます。

AFTER_1 背景色や文字色によって見てほしい部分が明確に

他社との比較

	当社サービス	A社サービス	B社サービス	C社サービス
価格	200円/ユーザー	200円/ユーザー	300円/ユーザー	150円/ユーザー
レポート	毎週	毎月	毎月	なし
サポート	電話、メール	メール	メール、チャット	メール

より注目してほしい箇所の背景色や文字色などを変えるとわかりやすい

AFTER

AFTER_2 囲み枠＋吹き出しで優位点がわかりやすい！

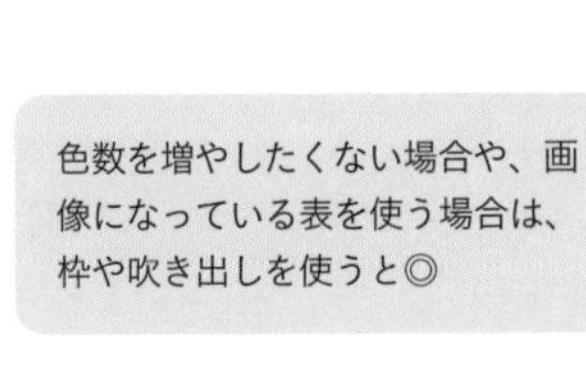

他社との比較

週次レポート・
電話サポートは当社だけ！

	当社サービス	A社サービス	B社サービス	C社サービス
価格	200円/ユーザー	200円/ユーザー	300円/ユーザー	150円/ユーザー
レポート	毎週	毎月	毎月	なし
サポート	電話、メール	メール	メール、チャット	メール

AFTER_3 欄にアイコンを組み合わせる

前年との比較

	●●●社	▲▲▲社	■■■社
売上	1,200万円	500万円	800万円
新規案件数	+2件	0件	-1件
担当との関係性	前回案件の対応が好評	下半期から担当者変更	他社サービスを推している様子

矢印や顔文字などのアイコンやイラストを追加するのも、文字数を増やさずパッと見てわかるようにするために有効な場合があります。その際、左の表のように意味に合った色の使い分けを意識しましょう。

― COLUMN ―

グラフでいろいろなデザインを作りたいときに便利な機能

クイックレイアウトを使えばグラフのデザインを1クリックで変更！

グラフデザインに悩んだときにオススメ

グラフを作成するとき、パワーポイントの「挿入」の「グラフの追加」から目的のグラフの種類を選んでスライドに挿入し、それをベースにグラフ要素を増減させたり、配色や罫線を調整したりすると思います。もちろん私も同じ方法で編集を行ってはいるのですが、時には「クイックレイアウト」機能を試してみてはいかがでしょうか。ここにはさまざまなデザインのプリセットが用意されていて、１クリックでグラフのデザインを変更することができます。グラフを右クリックすると出てくる「グラフの要素」からの編集でも同じことはできるのですが、日ごろ自分では使ったことのない要素を再発見することができるかもしれません。

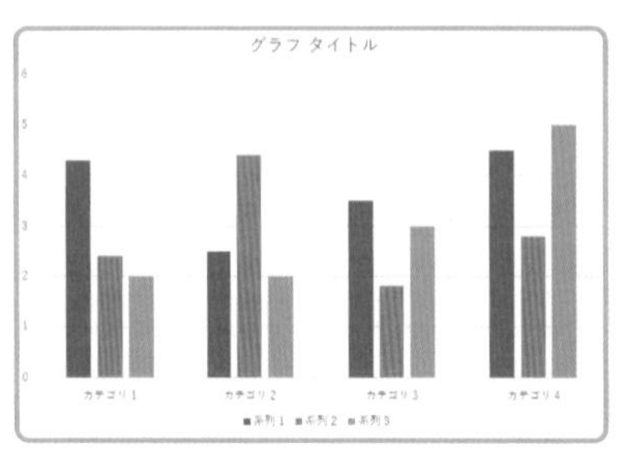

「グラフの追加」で作例したデフォルトの棒グラフを…

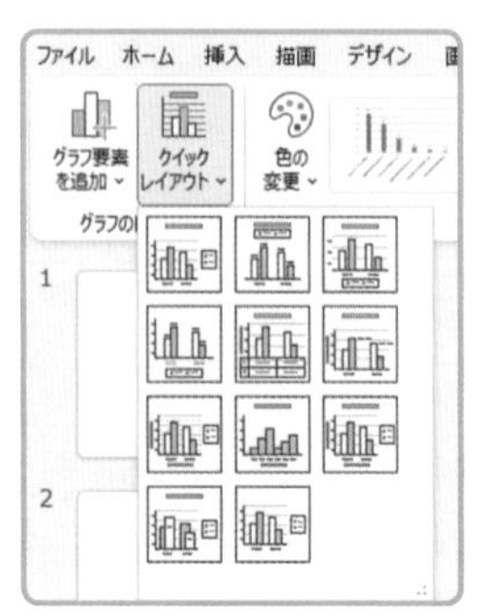

メニューバーの「グラフのデザイン」のタブにある「クイックレイアウト」を選択し、好きなデザインを選ぶと

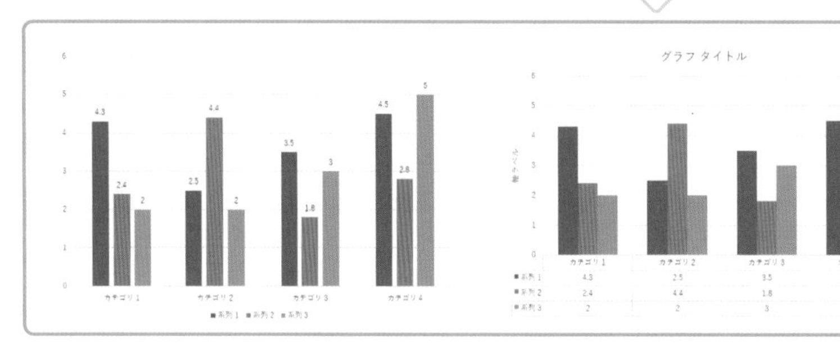

データラベルを目立たせたグラフや、データテーブルの付いたグラフなど、さまざまなデザインのグラフを1クリックで作ることができます

LESSON 4

ビジュアルを使って見やすい資料にチェンジ

043

図解

図解のレイアウトにいつも迷う

「構図」を覚えれば図解は簡単に作成できる

物事の関係性を示す構図

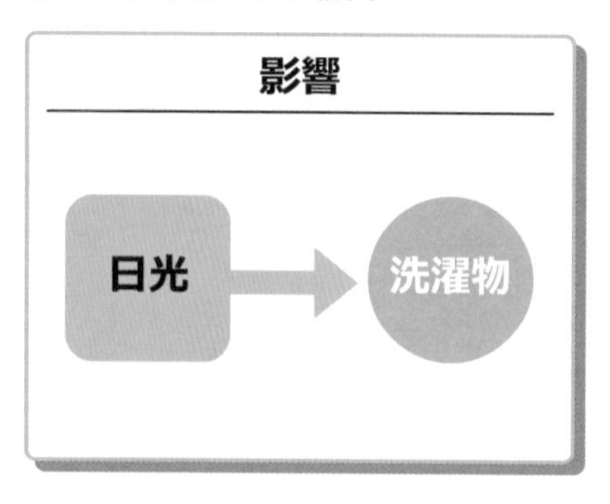

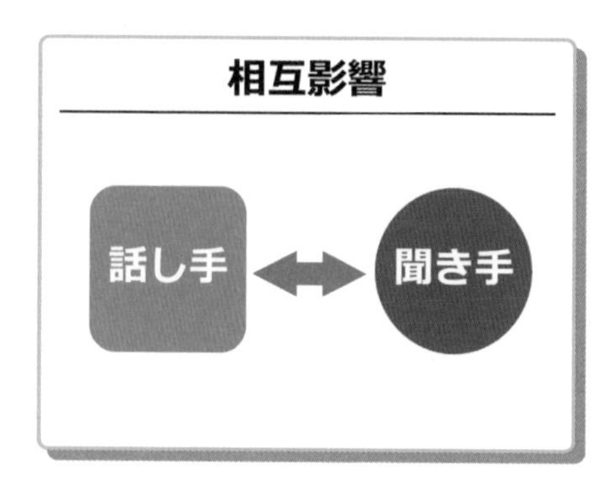

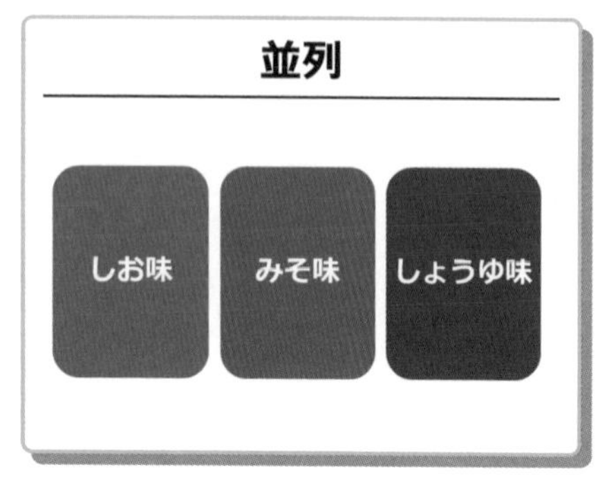

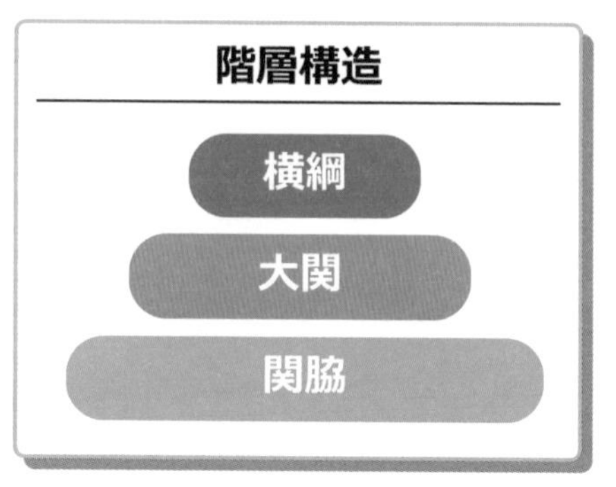

時間の変化を示す構図

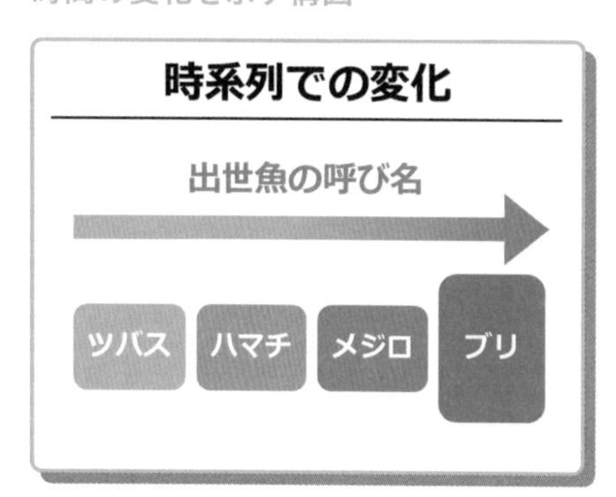

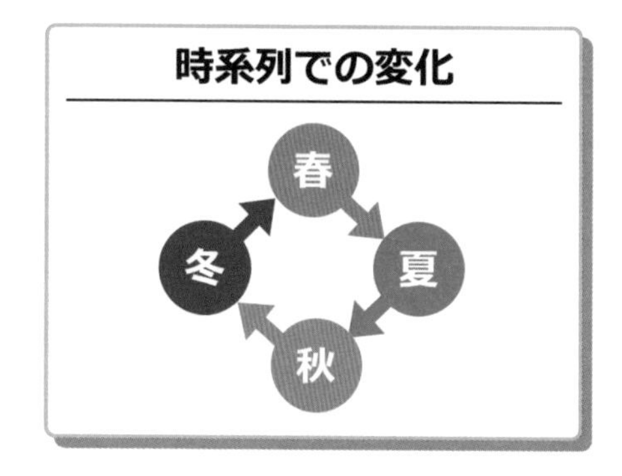

POINT

- 図解は文章で表現できる物事の関係性や時系列を図にしたもの
- 図解の構図の基本パターンを覚えて内容に応じて使い分けよう
- 「何を伝えたいか」に応じたグループ分けで図解する

「関係性」や「時系列」に合わせて構図を作ろう

「文章ではなく図解で表現しよう」と言われても、図解の作成に苦手意識を持つ方もいるでしょう。しかし、図解とは、「文章で表現できる物事の関わりや時系列を図にした」ものです。**基本パターンを覚えれば、絵心のようなものはそれほど必要ではありません。**

左ページ上中段のように物事の関わりを表現する場合は、**「影響」「相互影響」「並列」「階層構造」などの関係性**によって、構図は変化します。また、左ページ下段のように**時間の変化は基本的には一直線上で表現**しますが、季節のように巡るものは円で表現します。

また、**着眼点**も重要です。同じ事実を扱っていても、何を伝えたいのかというテーマに応じて図解のグループ分けが変わります。下の作例では、部署・顧客先・取扱製品という事実自体は同じでも、部署別の売上という区切りと、製品別のサポートという区切りにより、項目が変わっています。テーマ次第で**どのような区切りでグループ分けをするか**もポイントです。

テーマに応じてグループに分けて図解しよう

- 営業第１グループ（顧客規模：従業員10,000人以上　取扱製品：B・C）
- 営業第２グループ（顧客規模：従業員1,000人以上　取扱製品：B）
- 営業第３グループ（顧客規模：従業員100人以上　取扱製品：A・B）

部署別の区切り

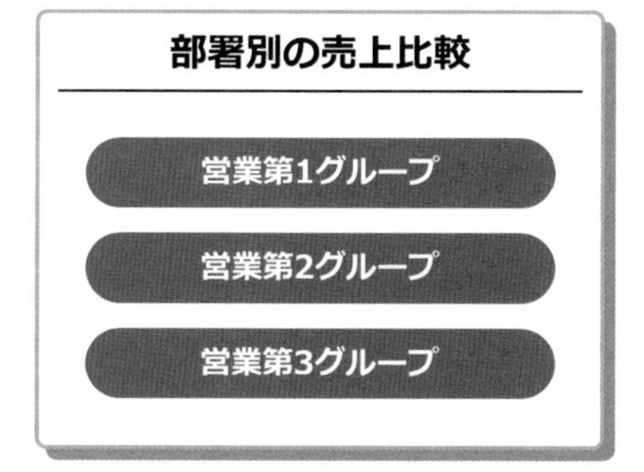

部署ではなく製品別の区切り

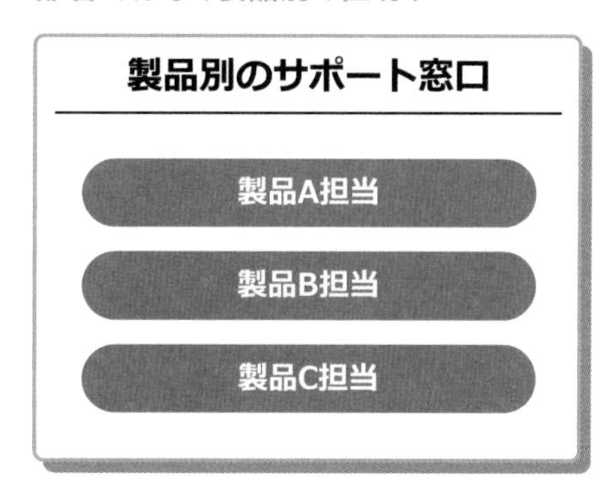

044

図解

色の効果的な使い分けは?

「言葉」と「色のイメージ」を一致させる

BEFORE

危険がハートの形って、なんか危険性を感じないな…

配色と形状がずれているとピンとこない

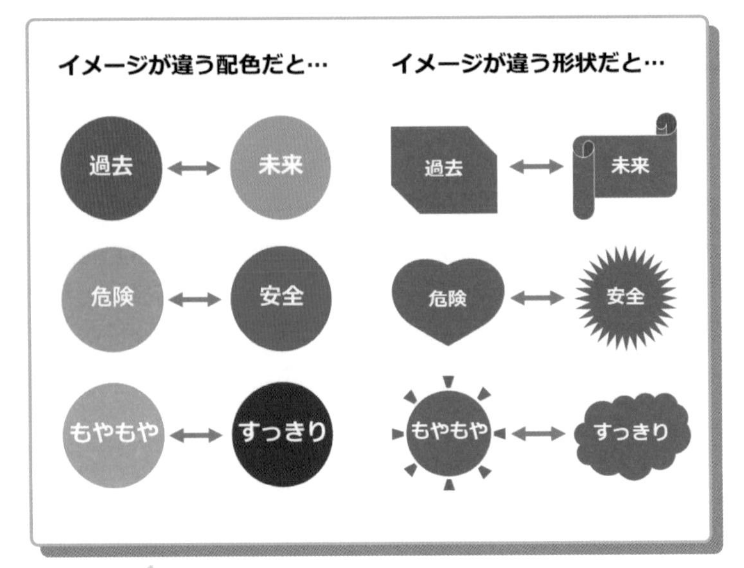

もやもやというよりはすっきりした色だな…

問題点の指摘には灰色、新サービスには鮮やかな色

いろいろな色を使ったり、言葉の意味が持つイメージに合わない色を使ったりなど、色を意図せず使用している資料をよく見かけます。

世の中にはたいていの人が共通して感じるイメージがあります。配色についても同様です。上の右の作例のように、くすんだ暗い色には後ろ向きなもやもやしたイメージを、その逆に、鮮やかな明るい色にはさわやかで活発なイメージを感じます。資料の図解にもそれを応用して、配色だけでも意図を演出することができます。

例えば、**現状の問題点を指摘する箇所では灰色**を使うと、相手にいかにそれが問題なのか、という重大性やこのままではよくないということを直感的に伝えることができます。一方、**新しいサービスの導入イメージなら鮮やかな色**を使うと、そのサービスによって得られる明るい

POINT

- 世の中の人が共通して感じる色のイメージを使って、配色で意図を演出しよう
- 問題点は灰色、新サービスの提案なら鮮やかな色など色のイメージで直感的に伝える
- 色が持つ本来のイメージに反した使い方だと混乱につながるので注意

AFTER

過去は少し色あせた暗い色、未来は鮮やかな色でイメージにマッチ!

一般的な色のイメージに合わせると自然

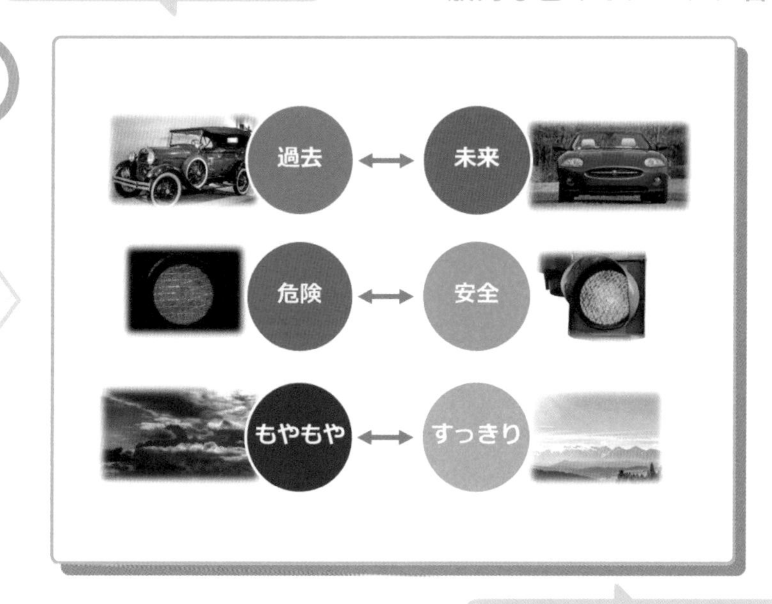

信号や天気の色合いと一致しているから直感的に言葉の意味がわかる

未来像やメリットを感じさせることができます。

その際、必ず色が持つ本来のイメージに沿った色を使うようにしましょう。上の左の作例は、わざと色が持つ本来のイメージに反した使い方をしています。文字を読めば内容は理解できるのですが、言葉と色のイメージが一致していないので、何となく違和感が残ります。また、色だけではなく形状も重要です。形状も、一般的なイメージからずらしてしまうと、もはや資料の意図がどこにあるのかわからなくなります。

上の右の作例は、言葉と色のイメージが一致しているので、違和感がありません。

上の比較は極端な例ではありますが、配色やデザインは何となくのフィーリングで決めるのではなく、資料のメッセージを最大限伝えるために活用しましょう。

相手の心に訴求する色数のルール

045 「同系色の濃淡＋アクセント」で重要度を伝える

図解

BEFORE

使う色が多いと中身が埋没…

すべてがカラフルすぎてどこが重要なのかわからない

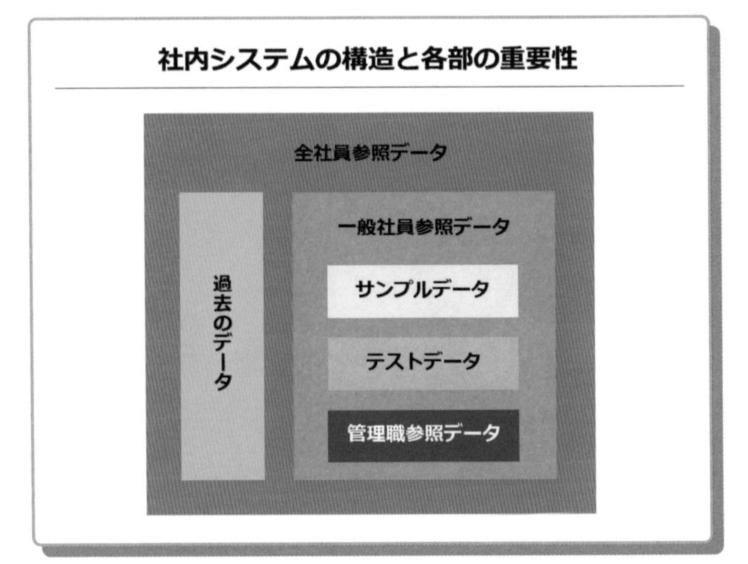

同系色の濃淡＋アクセントカラーが基本

図解の構図と並んで、配色も自由度が高いがゆえに頭を悩ませるところです。基本の考え方は、「できる限り少ない色数で作る（できれば１色の濃淡で）」と「目立つ色は、重要な箇所の表現のためにとっておく」の２点です。図解を作っていると、どの部分も説明すべき重要な箇所のように感じてそれらのすべての箇所に目立つ色を使ってしまいがちですが、「どこも目立ちそう」ということは、結局相殺してしまい、どこも目立たなくなってしまいます。

つまり、資料内の色は使う色数を増やすほど印象が散漫になり、個々の要素が埋没していきます。上の左右の作例は、どちらも最重要箇所（管理職参照データ）の色は同じです。しかし、左の作例は全体的にカラフルで最重要箇所が目立ちません。文字を読むか説明を聞かないとパ

POINT

- 「色数は少なく（１色の濃淡がベスト）」「目立つ色は重要な部分だけ」の２つが重要
- 使う色数を増やしてどこもかしこも目立たせようとすると、内容が埋没して本末転倒
- 基本は２色、最大４色までにとどめる

AFTER

重要な箇所だけ配色を変える

社内システムの構造と各部の重要性

全社員参照データ

過去のデータ

一般社員参照データ

サンプルデータ

テストデータ

管理職参照データ

濃淡で区分けしつつも、
ごちゃつきがないため
重要ポイントが際立つ

ッと見ではわかりません。一方、上の右の作例では、最重要以外は同系色の濃淡で表現され、区別はつきつつも最重要箇所だけが際立っています。作図では、同じ重要度の要素が並列している場合以外は、基本は、**ベースの色（＋同系色の濃淡）と重要な箇所の２色**がベストです。どうしてももう少し色を使いたい場合、人間の目は５色以上だと判別しにくいとも言われているので、テキストや吹き出しなどの色を加えて**最大４色**までの配色が見やすいでしょう。

なお、上の左の作例のように「どこも目立たせたい」または「どこを目立たせていいのかわからない」という図になるのは、内容自体が整理されていない可能性があります。配色がまとまらないときは、内容を見直してみることをオススメします。

040

図解

統一感を保ったまま、色で情報を整理するには?

「色の濃淡」で情報に序列をつけよう

SAMPLE_1

「濃→淡」は大量の項目に序列をつける

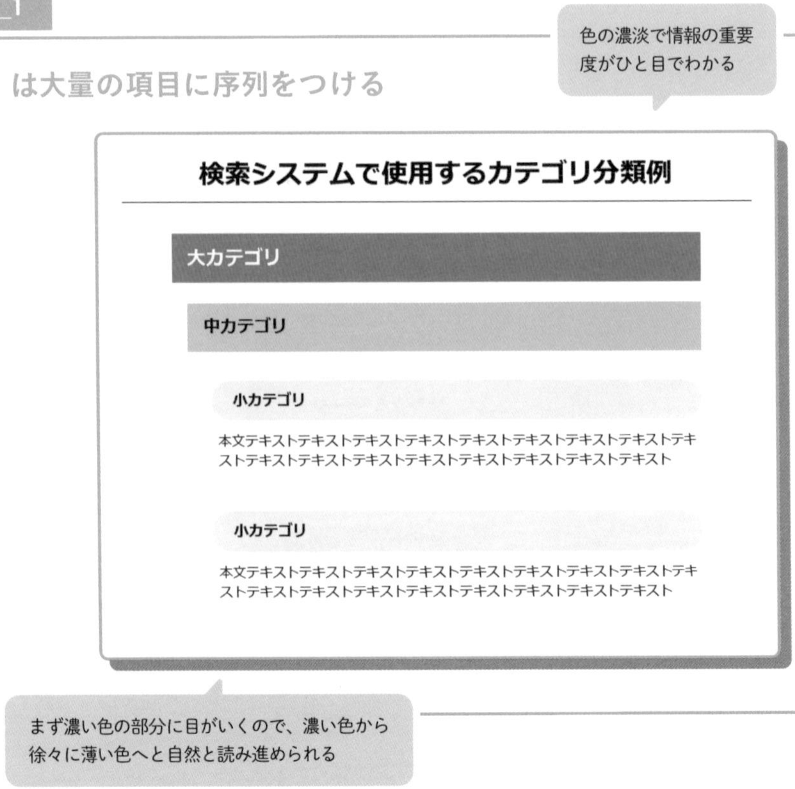

色の濃淡で情報の重要度がひと目でわかる

検索システムで使用するカテゴリ分類例

大カテゴリ

中カテゴリ

小カテゴリ

本文テキストテキストテキストテキストテキストテキストテキストテキストテキストテキストテキストテキストテキストテキストテキストテキスト

小カテゴリ

本文テキストテキストテキストテキストテキストテキストテキストテキストテキストテキストテキストテキストテキストテキストテキストテキスト

まず濃い色の部分に目がいくので、濃い色から徐々に薄い色へと自然と読み進められる

重要なのは流れなのか? 特定の要素のグループ分けか?

色の種類や色数だけではなく、その色をどんな濃さで使うか、つまり色の濃淡も重要な要素です。パワーポイントにもともと用意されている色も、同じ系統の色の中で濃淡違いの色が何段階か用意されています。同系統で濃さや明るさが異なる色を使うと、資料や図解に統一感が生まれます。

覚えてほしいのが、色の濃淡で序列を表現できること。濃い色から薄い色の場合は大から小への流れ、薄い色から濃い色の場合は個々の小分類の存在を見せたいときによく使います。

上の2つの作例は、項目の分類方法について説明した資料のイメージです。ここで表現されているのは、特定の要素ではなく分類法のルール解説です。左の作例は、大カテゴリから小カテゴリへと読み進めてもらうことをイメージし

POINT

- 図解では、色の濃淡によって序列を表現できる
- 「濃い色から薄い色へ」は、大量の項目を序列順にして読み進めやすくする
- 「薄い色から濃い色へ」は、特定の要素を大量の項目から探しやすくする

SAMPLE_2

「淡→濃」は特定の項目にフォーカス

濃い部分が目立つので、まず最初にそこに目がいく

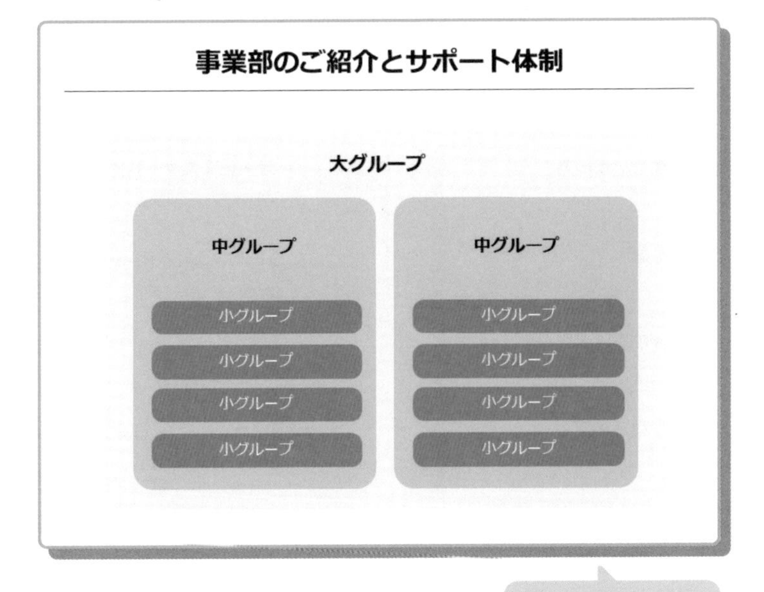

重要な部分を目立たせつつ、グループ分けを自然と見せられる

たものです。序列を表現するために、見出し部分の形とサイズを変えつつ、色も大カテゴリから小カテゴリへと徐々に薄くして濃淡をつけることで、大から小への流れを表現し、序列順に読み進めてもらえるようにしています。

一方、右の作例は、組織の紹介をイメージした図解です。特定の項目がどのグループに含まれているのかを見せたいので、全体を包括する大グループの色は薄くし、徐々に濃くなるようにしています。そのため、大から小への流れというよりは、それぞれの小グループに目がいきます。ただし、このとき、小グループのテキストを大きく、大グループのテキストを小さくと、テキストの大きさの序列まで色の濃淡と揃えると、階層構造のイメージが不自然になってしまうので文字の強弱は逆転させていません。

047

図解

手順などの時間を表現するには?

時間は「上から下へ」「左から右へ」が基本

SAMPLE_1

時系列で手順を進めるなら上から下へが自然

視線の流れと時間軸が一致して呑み込みやすい

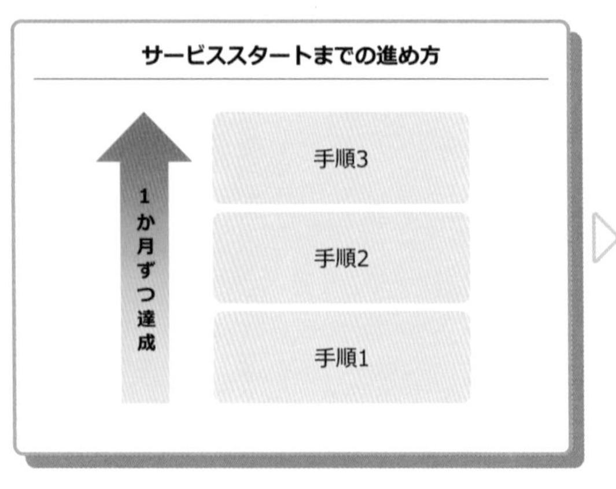

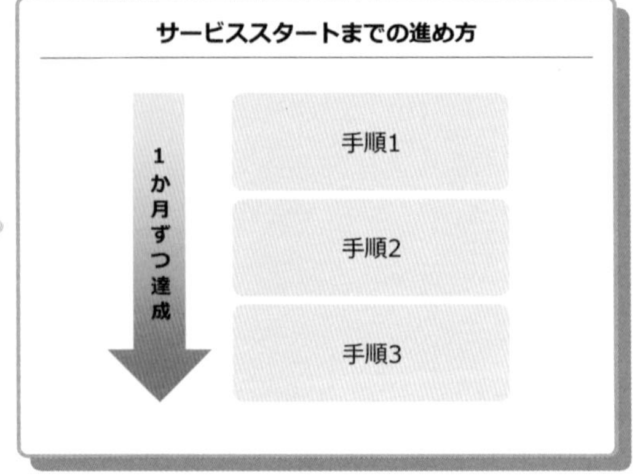

時系列で少しずつレベルが上がる場合は例外

人間の視線は「Zの法則」や「Fの法則」などと言われるように、通常「左から右」、また「上から下」へ動きます。そのためその方向に時間軸を揃えると、素直に頭に入りやすくなります。例えば、時系列で手順を進める場合は、上の右の作例のように、上から下へと手順を並べたほうが自然です。

ただし、時系列で少しずつレベルの高いことを達成していく場合は、時系列に従い上から下へ流れると一番高いレベルAのほうがレベルが低く感じられてしまいます。この場合は時系列よりはレベルのほうが重要なので、下から上に並べるほうがわかりやすくなります。構成する要素が競合した場合は、どちらの順位が上かを意識しつつ、矢印などで視線の流れを補助すると直感的に伝わりやすくなります。

POINT

- 時間軸は視線の動きに合わせて「上から下へ」「左から右へ」だと理解しやすい
- 時系列でレベルの高いことを達成する場合はレベルが重要なので「下から上へ」
- 視線の流れと配置が逆になる場合は、矢印などで視線の流れを補助しよう

SAMPLE_2

レベルアップは下から上+矢印で補助

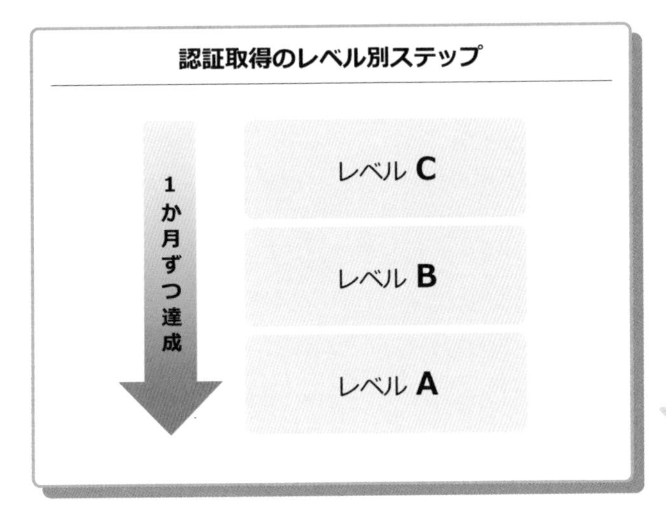

このままではレベルAが一番低いレベルのように感じられてしまう

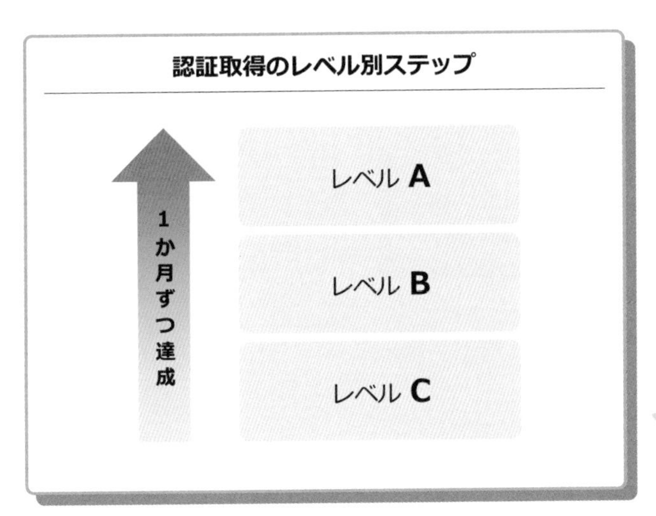

時系列に沿って徐々にレベルが上がっていくことが自然とわかる

組織図

複雑な図で時間が溶けてしまう…

組織図はSmartArtで早くきれいに作る

テンプレをベースにカスタマイズしよう

組織図は、たくさんの部門を示すオブジェクトをきれいに並べないといけないので作成が面倒ですよね。そのようなときは、パワーポイントの「挿入」にある「SmartArt」を使ってみましょう。SmartArtはさまざまな図解のテンプレートから、テキストと連動して図形が作成できる機能です。組織図の場合、右ページの解説のように階層構造の増減や入れ替えが自由に行えます。

サンプルのデザインも複数ありますし、自分でも配色を変えられるので、見やすくカスタマイズすることが可能です。

なおSmartArtは、右クリックメニューから図形オブジェクトに変換することもできます。最後は図形として細かな調整を行いたい場合に、使ってみてもよいかもしれません。

× 組織図はきれいに整えるのが大変

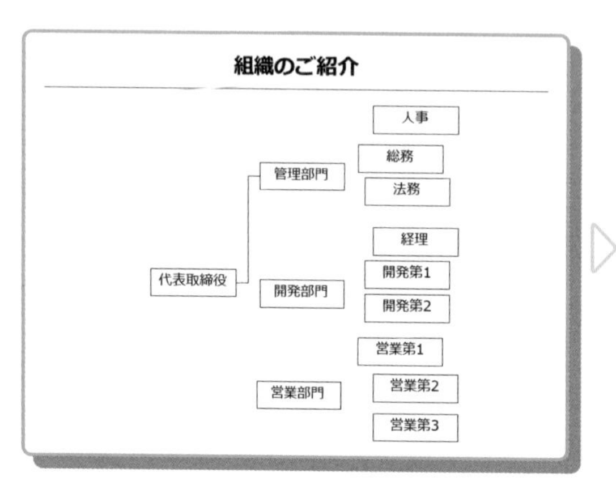

○ SmartArtなら自動的にきれいな図に

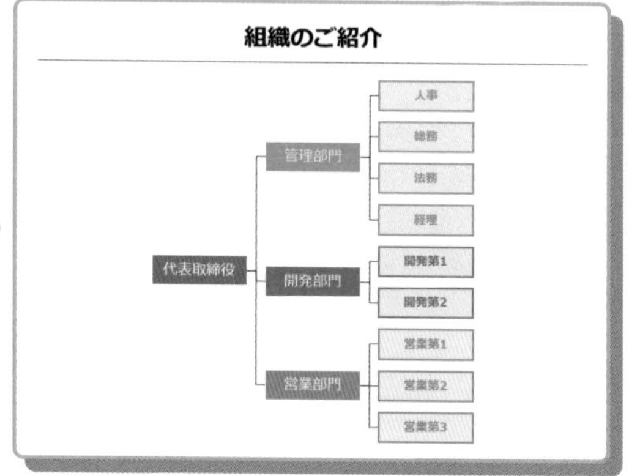

LESSON 4 ビジュアル

POINT

- たくさんのオブジェクトを並べる必要がある組織図は「SmartArt」が便利
- テキストと連動して自動的に図の中の文字が編集される
- 階層や部門によって配色・枠線を変えて差をつけると見やすさアップ

メニューバーの挿入から「SmartArt」を選択

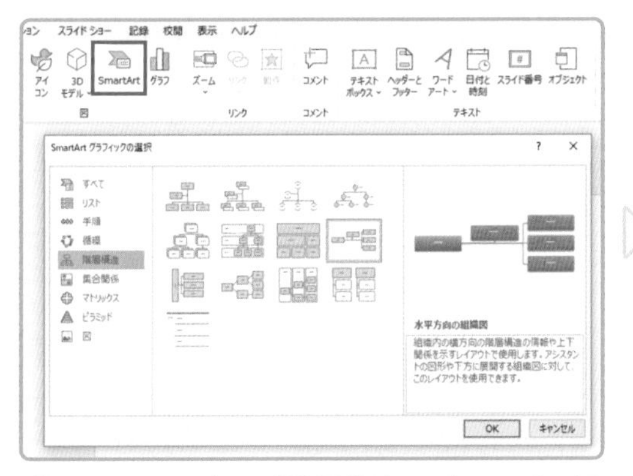

「SmartArt」内の「階層構造」グループに組織図のテンプレートがあります。今回は「水平方向の組織図」を使ってみました。

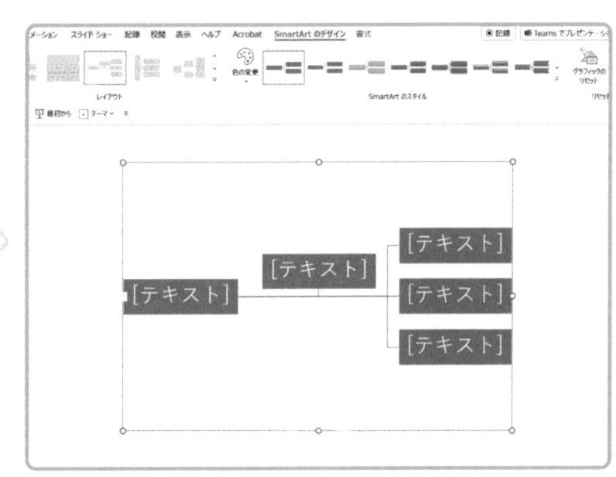

選択するだけで整った図が完成。ゼロから作るよりも制作時間を短縮できます。

図内の文字を編集したいときは…

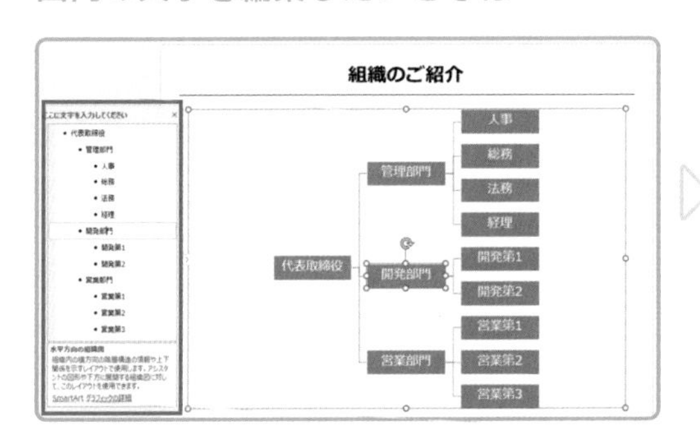

「SmartArtのデザイン」のタブから「テキスト ウィンドウ」を選択すると、上の画面のようにテキストを入力することができます。階層構造を記述すると、連動して組織図が更新されます。

階層や見た目を編集したいときは…

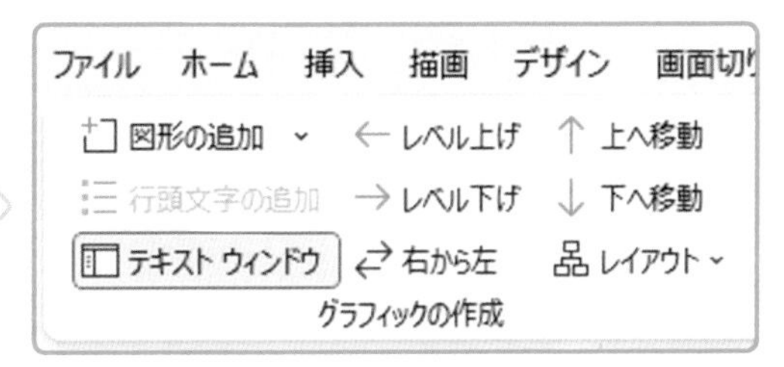

レベルの上げ下げ、上下への移動などの機能で、階層を増やしたり減らしたりできます。図の見た目の編集も可能で、階層や部門により配色・枠線を変えることで、より見やすい図解になるでしょう。

アイコン

イラストや写真を入れるほどでもないけど、イメージを伝えたい

「単色アイコン」でイメージを簡潔に伝える

BEFORE

文字だけでも内容はわかるが…

必要なキーワードをわかりやすく分類していてシンプルな資料だが…

今後の事業拡大に必要な要素

業務分野		能力
情報分析		スピード
企画立案	×	交渉力
クリエイティブ		多様な人材

キーワードだけなのでここで表現している物事へのイメージは膨らみにくい

省スペースでイメージを伝えるのにピッタリ！

資料作成では、文字やグラフ以外にイメージ画像をよく使用します。イメージ画像は、アイコン、イラスト、写真などいろいろな様式のものがあり、それぞれに特徴があります。

ここで紹介したいのが、アイコンです。一般的にピクトグラムと呼ばれる、標識の記号のような単色の絵文字をアイコンと表現しています。「文字が多めで何とかしたいけれど、写真を入れるほどのものでもない」という場合に使うのがオススメです。

単色のアイコンは表現が簡潔で視認性が高いという特徴があります。イラストや写真に比べ比較的限られたスペースでも効果を発揮します。アイコンを足すことで直感的に理解が進み、目を引くアイキャッチとしても機能します。

また、パワーポイントでは画像の色を変更す

POINT

- 単色のアイコンは、省スペースでイメージを伝えるのに最適なビジュアル
- パワーポイント上で色変更すれば色違いを自分で作って図解などにも活用できる
- 「パッと見て何なのかわかる」「見慣れているモチーフ」などの表現で使用する

AFTER

それぞれのキーワードを端的に表すアイコンを加えることで内容へのイメージが膨らむ

アイコンを添えるだけで理解を促進！

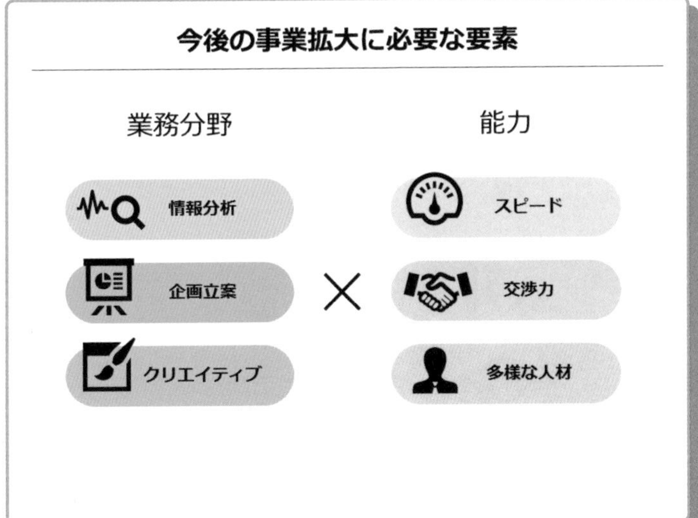

文字だけだとあっさりした印象だったが視覚要素が加わることでアイキャッチとしても◎

る機能があるので、色を変更したいアイコンを選択し、「書式」タブ→「色」→「色の変更」の順にクリックすると、色違いのアイコンを複数作ることができます。例えばフルカラーのイラストは色変更をするとくすんだモノカラーになってしまいますが、単色のアイコンであれば、１色しかなくてもきれいな色違いのものを自分で作ることができて便利です。

ただし、アイコンは簡潔であるがゆえに、例えば、帳簿の種類のように似通ったものやシステムの機能といった抽象的なものなど、表現しきれないモチーフやイメージもあります。「パッと見て何を表しているのかわかる」「見慣れているモチーフ」など、一般的にある程度共通認識が得られている物事の表現に使用するのがオススメです。

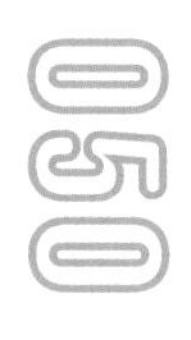

イラスト

イラストはアイコンや写真とどう使い分ければいい？

「ほどよい情報量」を伝えるならイラストがピッタリ

BEFORE

アイコンだとちょっと殺風景…

スペースに余裕があるので、シンプルなアイコンだとやや簡素であっさりした印象

弊社 委託販売のメリット

休日も受け付け対応のサポート体制

売上データを分析したレポートを作成

午後3時までの注文は当日発送

簡素すぎて、ここで説明している委託販売のメリットがあまり感じられない

アイコンよりリアル、写真よりあっさり

イラストは、アイコンと写真の中間に相当します。例えばアイコンではややあっさりした印象になる場合、イラストを使うと**アイコンより情報量がリッチなので、スライドの密度感がアップし、イメージが伝わりやすくなります**。スペースに余裕があるなら、図解や機能紹介などでイラストを使うのも有効です。ただし、同一スライド内で複数のイラストを使う場合は**タッチを揃えましょう**。タッチが揃っていないといかにも寄せ集めという雰囲気になって逆効果です。

また、未確定の物事で、写真を使うとあたかもその写真のものに決定したかのように捉えられかねませんが、イラストであればそれを留保できます。また、写真だと必要以上にリアルになる場合も、**ほどよく抽象化**できます。

POINT

- イラストはアイコンと写真の中間に相当する「ほどよい情報量」のビジュアル
- アイコンだとややあっさりしすぎるときはイラストにして適度に密度感を出そう
- 未確定の情報を伝える際や写真だと生々しすぎる場合にも適度に抽象化できる

AFTER

アイコンよりリッチな表現なので、スライドの密度感がアップしあっさり感が解消

適度にリッチな表現で密度感アップ

弊社 委託販売のメリット

休日も受け付け対応のサポート体制

売上データを分析したレポートを作成

午後3時までの注文は当日発送

内容のイメージがわきやすく、委託販売のメリットがより感じられる表現になった

写真だとリアルすぎる場合はイラストでほんわかさせる

051

イラスト

いろんな人物イラストがありすぎて選べない

人物イラストは内容に合わせてタッチを使い分ける

いろいろあるけれどどう使い分ければいいんだろう…

人物イラストだけでもこんなにいろいろ

イラストはスライドの意図に沿ったタッチをチョイス

スライドにイラストを入れる場合、どのようなタッチのものを使うか迷うことはありませんか。特に人物のイラストは使うことが多いですが、表情のあるものとないものをどのように使い分けるべきか迷う人が多いポイントです。

そのような場合は、「**共感を持ってほしいとき**」には表情のあるイラスト、「**全体の流れを理解してほしいとき**」には表情のないシンプルなイラストと考えておくと選びやすくなります。

共感を持ってほしい場面で表情のないシンプルなイラストではメッセージが伝わりにくいですし、客観的な図解の中に表情のある情報密度の高い特徴的な人物イラストが入っていると、かえって気が散ってしまいます。

そのスライドの意図に沿ったイラストを使用するよう心がけましょう。

SAMPLE_1 共感を持ってほしい場面では表情のあるイラスト

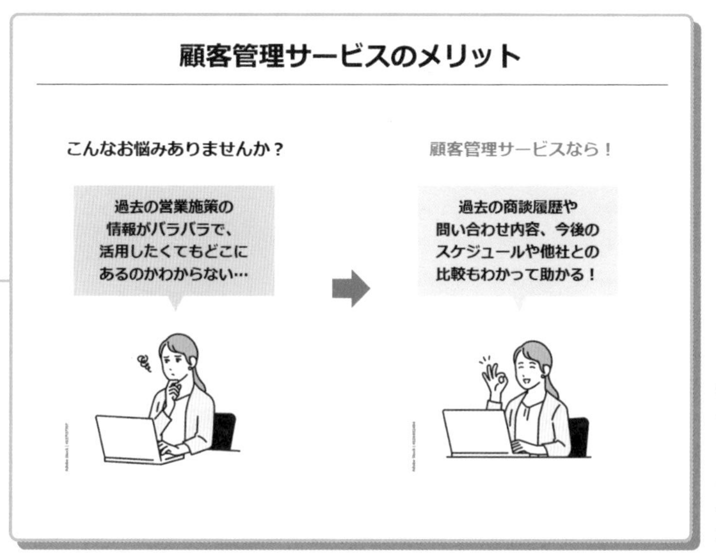

特長やサービスの効果を説明する場合は、どれだけよりよい結果がもたらされるかを伝えることが目的なので、イラストは表情が入っているものだと、より共感しやすい

SAMPLE_2 客観的な説明はシンプルなイラスト

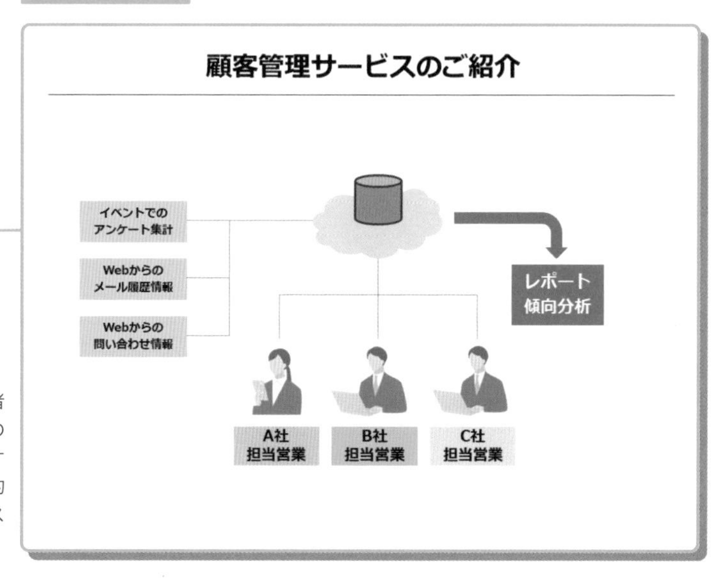

システムの構成図や各担当者のやり取りを示す図解などの場合は、全体の流れを把握することが目的なので、客観的に見られるシンプルなイラストがすっきり見やすい

052

写真

写真を使うと有効なシーンは？

確定情報は「実物の写真」のリアリティで訴求力アップ

BEFORE

一体どんなものがもらえるの？

こういう箱入りのノベルティ？ それとも一般的なイメージ?

アンケートの有効回答数 増加施策

イベント当日
アンケートに回答いただいた
ご来場者には、もれなく
ノベルティグッズプレゼント！

どういうノベルティなのか不明なので採用すべきか判断しにくい

確定情報は情報が具体化される写真がベスト

写真は、実物の情報を持っているビジュアルです。そのため、イラストとは逆に、明確に内容が決定している場合は写真を使用したほうがより現実的な情報を伝えられるので、訴求力が強くなります。例えば、上の左のように、プレゼントキャンペーンのプロモーション案を解説した資料では、イラストだと実際にそのような箱がもらえるのか、イメージなのかがわからず、「どんなものがもらえるの？」という疑問がわきます。しかし、右上の作例のように実物の写真を見せれば、情報がより具体化され、「そのプレゼントなら集客できるかどうか」がキャンペーンを採用する判断基準になります。

また、右下の作例のように、実物のイメージがないと説明が非常に困難な場合も、写真を使って説明したほうがよいでしょう。

	メリット	デメリット
アイコン	省スペース、簡潔な表現	表現に限度がある
イラスト	ほどよくリッチな表現	タッチ統一が難しい
写真	具体的なイメージを提案できる	必要以上にリアルな場合も

AFTER

実物が掲載されているほうが集客効果が見込めるからイメージしやすい

これなら集客効果が見込めそう！

アンケートの有効回答数 増加施策

イベント当日
アンケートに回答いただいた
ご来場者には、もれなく
ノベルティグッズプレゼント！

キャンペーンの内容が具体化され、採用すべきか判断しやすい

実物がないと説明しにくいシーンにも有効

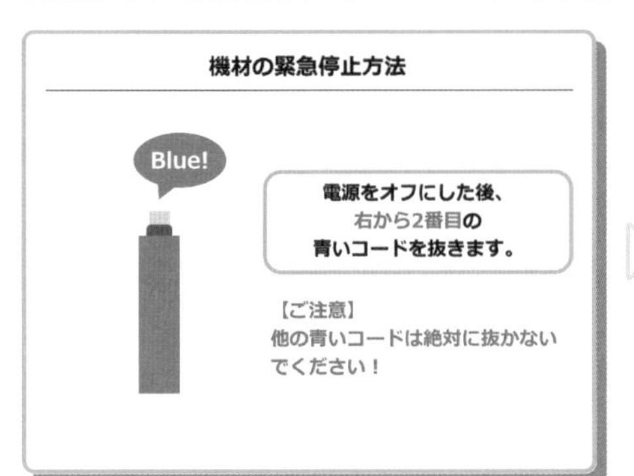

機材の緊急停止方法

電源をオフにした後、
右から2番目の
青いコードを抜きます。

【ご注意】
他の青いコードは絶対に抜かないでください！

053

写真

写真を上手に使いこなして訴求したい

イメージ写真は「文脈」で使い分ける

❶ 親近感を押し出すなら日本のイメージ

海外のイメージを使ってしまうと感情移入しにくくなるので、相手に親近感を与え、感情移入してもらうには、日本のイメージを使用するのが効果的です。ただし、相手に海外の顧客が含まれる場合は、必ずしもこの方法が最善とは限りません。

❷ 国際性を押し出すなら海外のイメージ

国際的なイメージを前面に出す場合や、日本国内のビジネスであることを特定しない場合は、海外のイメージを使用すると、メッセージがより素直に伝わりやすくなります。

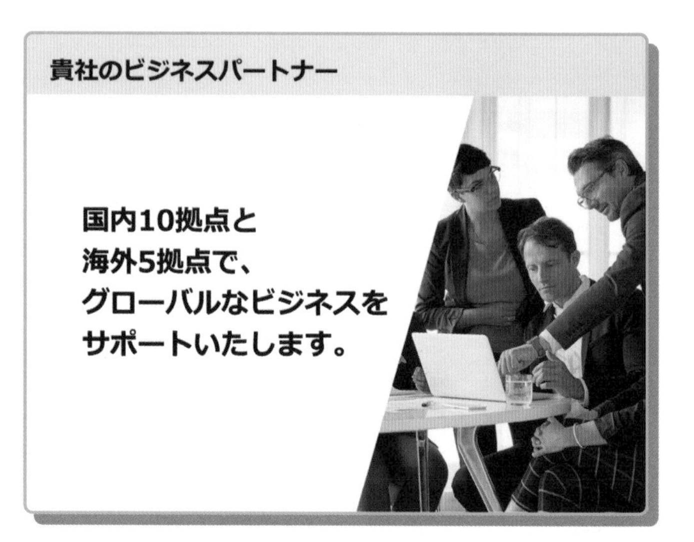

COLUMN

イメージ写真活用のプラスワンテクニック

写真のイメージに引っ張られすぎないようにしたい場合は、❹の写真のように顔を入れずに手元の写真を使うのが効果的なことがあります。一方、親しみやすいイメージを打ち出すなら、喜んでいる顔など顔がはっきり写っているものが感情移入しやすいのでオススメです。親しみやすさを強調するなら、リアリティのある写真よりもイラストにしたほうがいい場合もあるので、文脈に応じて検討しましょう。

貴社のビジネスパートナー

斬新なアイデアで、
貴社の製品に
新たな楽しさを
提案します。

❸ フランクな印象を前面に出すなら楽しげに

柔軟さや革新性が求められる場合は、色彩が多く楽しそうなイメージを使うのがオススメです。ただし、相手によっては軽い印象を持ってしまう場合もあるかもしれませんので、シーンを見極めましょう。

貴社のビジネスパートナー

豊富な経験を積んだ
コンサルタントが、
厳格かつ繊細な視点で
診断いたします。

❹ 格式を前面に出すなら暗めの色合い

暗めの色合いの写真は、ともすると重くネガティブな印象を与えがちですが、高級感や品格のある印象を与えることができます。量より質が求められる提案に使用すると効果的です。

― COLUMN ―

写真活用のコツ

写真は加工を施して ランクアップ

資料としての写真は「ぼかし」「トリミング」を活用

資料の一要素として写真を入れる場合、背景の印象が強い写真は、そのまま配置すると浮くことがあります。多少ぼかしをかけて周囲となじませると背景の印象が弱まり、より自然な印象に見せられます。

余分な箇所が多い写真は、そのままでは伝えたいものがわかりにくいので、トリミングをして必要な部分だけを切り出すと、見せたいものが明確になります。ただし、パワーポイントのファイルを他の人と共有する場合は、トリミング範囲外の情報も見えることがあるので注意しましょう（右上の図を参照）。

写真が強すぎて浮く場合は、「ぼかし」でなじませる

トリミングで必要な部分だけ切り出す

LESSON 4 ビジュアル

POINT

トリミング時は消したはずの情報に注意!

パワーポイント形式のデータで資料を配布する際、右図のように周囲の情報が残っていて見えることがあります。特にデスクトップのスクリーンショットは、思わぬ情報が第三者に見られる可能性があるので要注意。そこで、トリミングした画像を一度コピーして「貼り付けのオプション」の「図」でペーストすれば、周囲の情報がない画像になります。

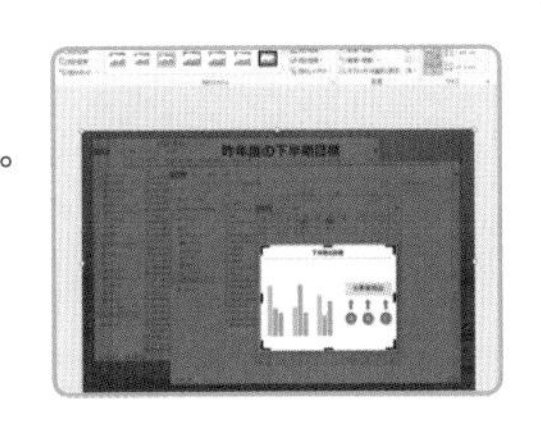

背景としての写真は「サイズ」「濃度」がポイント

写真を一要素ではなく背景イメージとして使用する場合は、見切れるくらい大きめに使うのがオススメです。途中で切ることでスライドに広さが感じられますし、「資料として内容を説明するための写真」ではなく背景イメージであることが明確になります。

また、そのままだと写真の色が濃くて背景イメージとしては印象が強すぎたり資料の中身を邪魔したりする場合は、透明度を変えた白いグラデーションを写真に重ねることで、写真の濃度を薄くして自然になじませることもできます。

見切れるほど大きく配置するのがコツ

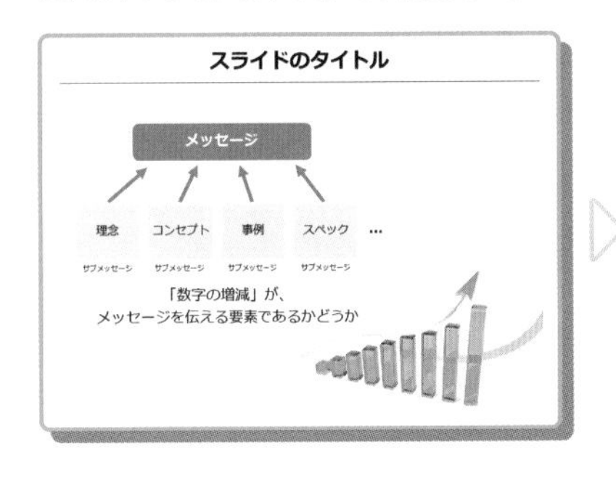

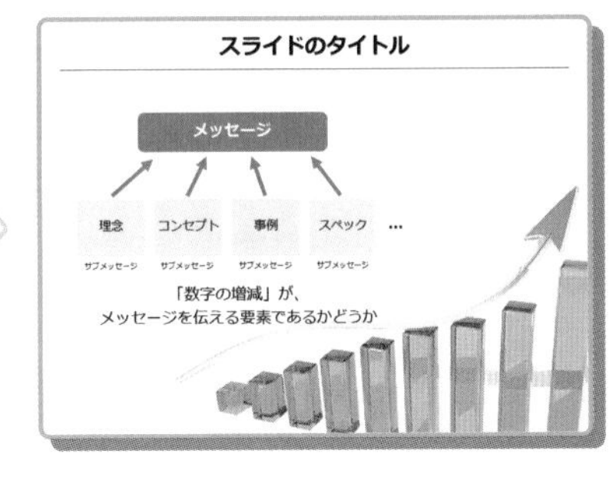

資料自体のオブジェクトに干渉しないようトリミングしつつ大きめに配置しよう

写真の濃度を調整してなじませるのも◎

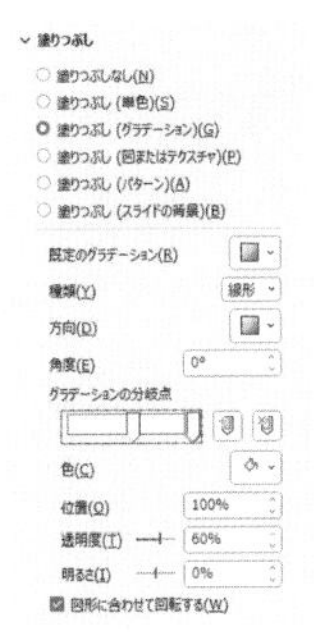

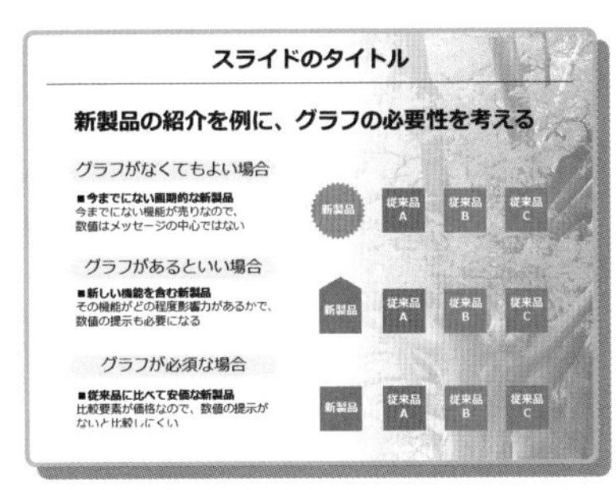

透明度を変えた白のグラデーションを重ねるとなじみやすい

— COLUMN —

アイコンを効果的に活用する

色違いアイコンを自作して図解に活用！

色違いのアイコンをパワポ上で作成

124〜125ページでも述べた通り、単色のアイコンはパワーポイントで簡単に色を変更できます。そのため色を変えて使用するのはもちろん、一番下の左の作例のように、色違いを複数作って図解に活用するのも有効な使い方です。アイコンが１色しかないときにも便利です。

フルカラーのイラストは、一番下の右の図のようにくすむので、色変更には不向きです。避けたほうが無難でしょう。

「書式」→「色」→「色の変更」ですぐに色変え！

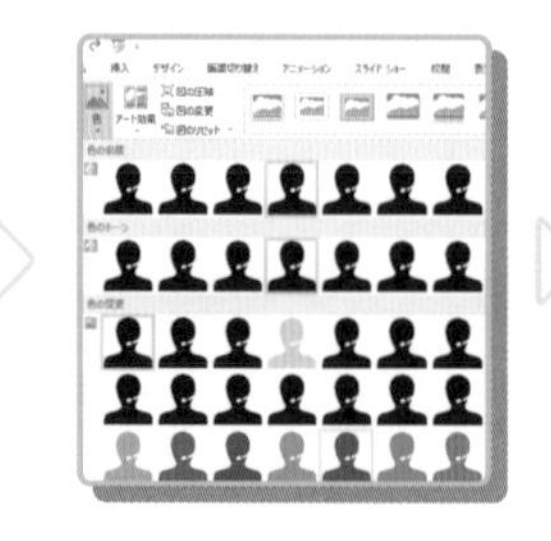

内容に合わせて色分けすれば図解にも

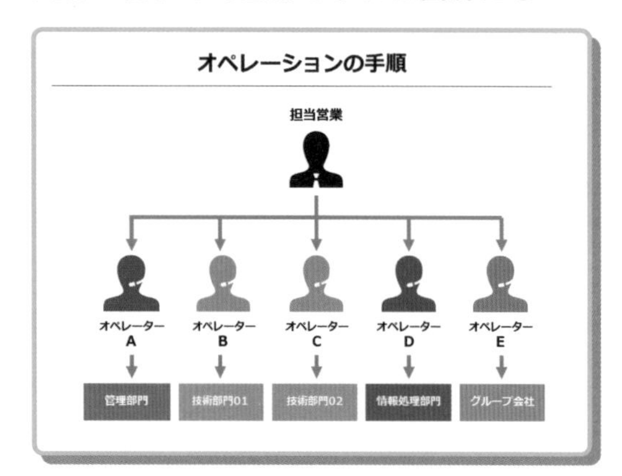

フルカラーのものはくすむ

LESSON 5

見た目の
イマイチを
整えるテクニック

054

補強

思っていたよりスライドの情報量が少なくなった

「スカスカ資料」には補強要素をプラス

BEFORE

スライドに余白が必要とはいえ、情報量が少なく、空きスペースが目立って寂しい印象

スペースが空きすぎてしまった…

資料の構成を検討する

みなさんは資料を作るとき、
いきなり1ページ目から作り始めていませんか。

事前に構成を検討することを
おすすめします！

一体何を追加すればいいの?

メッセージに説得力を持たせる情報を加える

いろいろと構成を検討してはいるものの、いざスライドを作成してみると、何となく情報量が少なく感じられるスライドになってしまうことはありませんか？　前後のスライドとの兼ね合いによるものであったり、あえて単体のスライドで見せたほうが効果的な内容であったり、原因はさまざまです。このようなときに、何となくクリップアートを追加して隙間を埋めるというのは、本題が埋もれてしまいそうで避けたいところです。

こういった場合は、このスライドで一番言いたいこと（メッセージ）を補強する情報を入れるのもひとつの解決策です。これなら、このスライドの本題を邪魔せずに済みますし、内容により説得力を持たせることができます。

上の左の作例は、伝えたいことをシンプルに

POINT

- スカスカだからといって、何となく何かを加えるのは避ける
- 「このスライドのメッセージ」を補強する情報を加えて密度感&説得力アップ
- 要素を詰め込みすぎて、情報過多なスライドにならないように注意する

AFTER

メッセージを補強する図解を加えたことで、適度に密度感のあるスライドになった

適度な情報量で説得力もアップ！

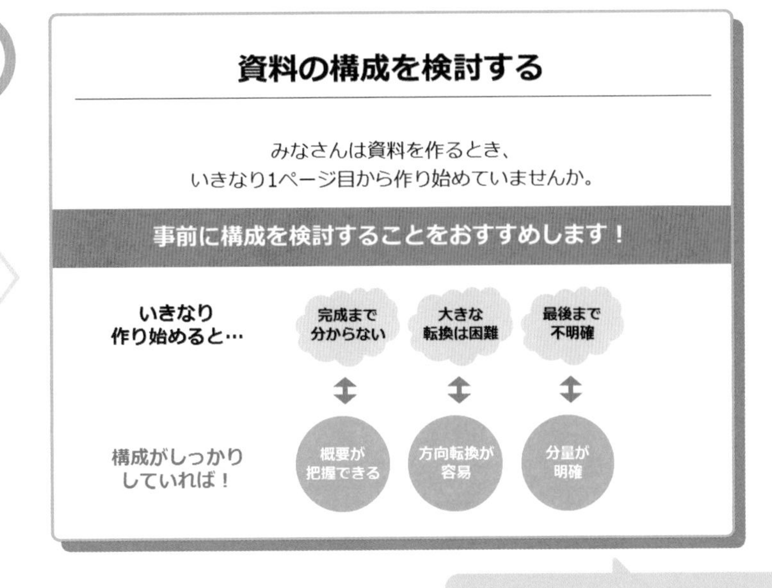

メッセージの裏付けとなる図解によって、メッセージそのものの説得力がアップ

記述しています。「事前に構成を検討しよう」というこのスライドで一番伝えたいメッセージを強調し、大切なことを明確にするというルールは守られています。しかし、少々空いているスペースが多くてスカスカして見える上に、「なぜ事前に構成を検討すべきなのか」という説得力に欠けるようにも感じられます。そこで、右の作例では、一番伝えたいメッセージの下に、そのメッセージの根拠となる図解を追加しました。こうすることで、スカスカした印象がなくなる上に、構成を事前に検討すべき理由が明確になり、メッセージの説得力が生まれます。

ただし、あくまでメッセージを伝えるための演出でしかないので、気分がのってきたからといって、今度は要素を詰め込みすぎて、情報過多になってしまわないように気をつけましょう。

055

スライドが窮屈で困った

「ぎゅうぎゅう詰め」なら思い切って分ける

分割

BEFORE

とにかく情報量が多すぎて、どこから読めばいいのかが不明

情報が多すぎて読むのを諦めてしまう

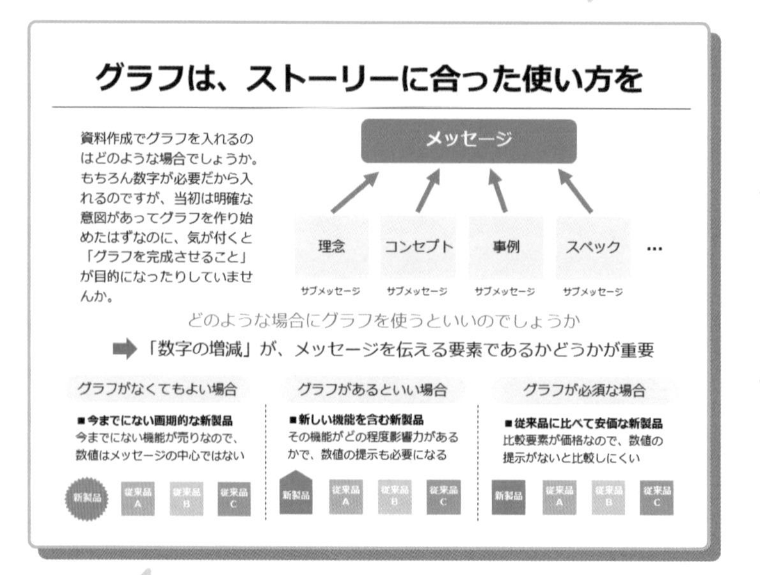

せっかく図解なども入れて工夫しているのに、これだと読んでもらえない可能性大

その資料、潔く分けたほうが伝わります！

ぎゅうぎゅう詰めのスライドを、一度は見たことがあるのでは？　上の左の作例は、関連のある情報を1つのスライドにまとめてみたものの、情報量が多すぎて、あふれそうです。それぞれのパートごとに図解を交えていますが、そもそもの密度が高すぎるため、どこから読めばいいのかわかりません。

そんなときは、右ページのように、思い切って2つのスライドに分けましょう。関連する内容が分断されるものの、まずは1枚目を見せて、「この後どうなるのか」と思わせるなど効果的に演出できれば、相手の興味を引き付けることができます。あえて一度にすべてを出さないのも表現のテクニックのひとつです。

ただし、1つの資料で何度も引っ張りすぎるのもよい印象を与えませんので、ほどほどに。

AFTER 前半、後半に分けて興味を持続させる（前半）

スライド枚数は増えるけど、情報量が減って読みやすくなった

グラフは、ストーリーに合った使い方を (1/2)

資料作成でグラフを入れるのはどのような場合でしょうか。もちろん数字が必要だから入れるのですが、当初は明確な意図があってグラフを作り始めたはずなのに、気が付くと「グラフを完成させること」が目的になったりしていませんか。

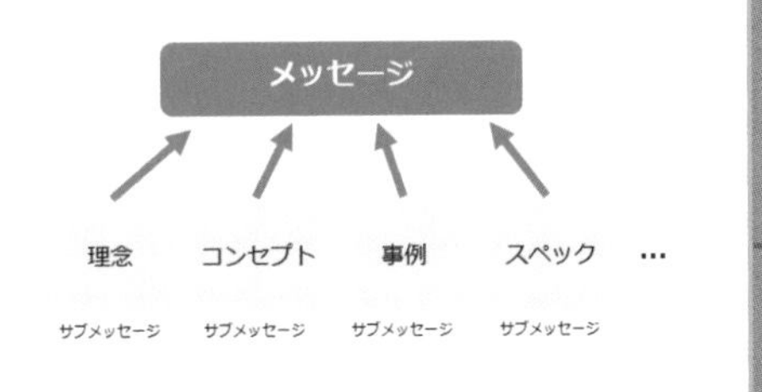

では、どのような場合に
グラフを使うといいのでしょうか？

AFTER 前半、後半に分けて興味を持続させる（後半）

グラフは、ストーリーに合った使い方を (2/2)

「数字の増減」が、
メッセージを伝える要素であるかどうか
が重要

グラフがなくてもよい場合

■**今までにない画期的な新製品**
今までにない機能が売りなので、数値はメッセージの中心ではない

新製品 従来品A 従来品B 従来品C

グラフがあるといい場合

■**新しい機能を含む新製品**
その機能がどの程度影響力があるかで、数値の提示も必要になる

新製品 従来品A 従来品B 従来品C

グラフが必須な場合

■**従来品に比べて安価な新製品**
比較要素が価格なので、数値の提示がないと比較しにくい

1枚で全部見せないことで、相手の関心を引き付けることができる

056

図解

スライドが文章だらけで困った

「文章だらけ」資料は図解にチェンジ

BEFORE

最初から最後まで読まないと内容がわからない

資料というよりはまるで小説

文字の大きさは投影と配布の両方を意識

投影用の資料と、配布用の資料では仕様が異なり、文字の大きさもまた違いがあります。というのも、投影用は理念を伝えるのが主な目的であり、配布用は情報の詳細を伝えるのが主な目的だからです。

しかし、両方の資料を用意するというのはなかなか大変で現実的ではありません。

そこで、投影用より情報量はやや多め、配布用よりは文字はやや大きめの折衷的な資料をおすすめします。

この見た目では、そもそも読む気をなくしてしまう…

文章を分解して図解で表現してみよう

「思いの文をより正確に伝えようとするあまり、文章ばかりのスライドになってしまう」という経験がある人は多いのではないでしょうか。

上の左の作例のようなスライドは、確かに内容は正しいのかもしれませんが、最初から最後まですべて読む必要があるので、パッと見では、何が書いてあるのかまったくわかりません。

限られた時間しかないプレゼンでは、こういったスライドは、**そもそも読んでもらえない**可能性があります。また、読んでもらえたとしても、直感的に内容がつかめないので不親切です。例えば、重要な文言の色を変えるなどすると多少は読みやすくなるかもしれませんが、それでもまだわかりやすい資料からは遠いように感じられます。こういった資料では、**いかに文章を減らし、視覚情報に置き換える**かがポイントに

POINT

- 内容がいくら正確でも、文章だらけのスライドは読んでもらえず逆効果
- 文章をいくつかに分け、図解やビジュアルで見せたほうが伝わりやすい
- テキストの大きさや太さ、色にも緩急をつけてのっぺり感をなくす

AFTER

図解を活用すればひと目でわかる

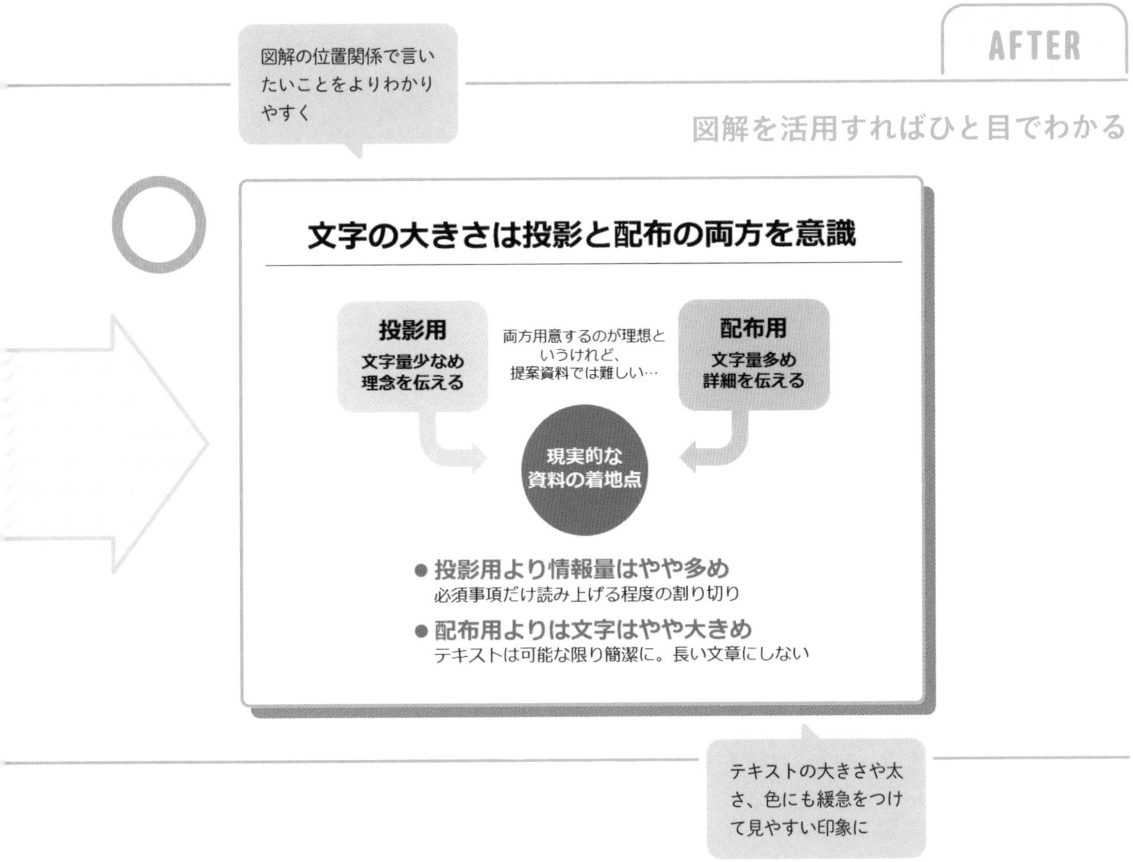

なります。

そこで、文章をいくつかに分け、それぞれの内容の関係性に基づいて図解で表現してみましょう。こうすると、文章だけよりも、ずっと伝わりやすくなります。図は位置関係を把握しやすいので、どういうことを話しているのかがひと目でわかります。文章だらけのスライドを作ってしまう人は、文章ではなく、なるべく図解やビジュアルで見せることを心がけましょう。

ここでは図解を使用しましたが、必要に応じて、イラストや写真に置き換えたほうがいいケースもあるので使い分けましょう。

また、テキストの大きさや太さ、色にも緩急をつけてのっぺりしないように気をつけましょう。「どれが見出しでどれが本文か」が、見てすぐにわかるというのも重要なポイントです。

057 グラフィカル

頑張って整理したけどスライドが地味すぎて困った

「地味すぎ」資料はグラフィカルな要素で印象付ける

BEFORE

整理はされているけど、とにかく地味すぎて記憶に残らない

整理されてはいるけど印象が薄い

資料におけるデザインの重要性

資料作成においては、メッセージやストーリーの構成も大事ですが、デザインも重要な役割を担っています。

● 理解を助ける色分け
現状はグレー、改善策は鮮やかな色などにするとわかりやすくなります。

● 的確なグルーピング
どこからどこまでが話に関係があるのかをはっきりわかるように分けます。

● 直感的にわかる図解
手順の流れに沿って、左から右に見るようになっているとよいでしょう。

もう少し印象的に、かつ内容もわかりやすくしたい

色・アイコン・配置をひと工夫！

文章ばかりなわけではないものの、グラフィカルな要素が少ないと、見た目の印象がやや薄く記憶に残りにくいスライドになってしまうことがあります。

上の左の作例は、箇条書きで表現するなど比較的まとまっているので、読むことに抵抗があるほどわかりにくいわけではありません。しかし、色も使われておらずグラフィカルな要素がまったくないため、印象に残らない上に、内容もややつかみにくいです。こういった「惜しい」資料を、内容が直感的に伝わり、そして相手の印象に残るような見た目にするには、どうすればよいでしょうか。

こういったときは、各項目の関係性に応じてレイアウトを工夫できないか、またスライドの内容を「色分け」や「アイコン（またはイラス

POINT

- グラフィカルな要素が少ないと印象に残らず内容もわかりにくくなる
- 「色分け」「アイコン」「関係性に応じた配置」でグラフィカルな要素を加える
- 要素を加える場合は本来伝えるべきメッセージが埋もれないように注意する

AFTER

並列関係にある項目は横に並べると関係性が見ただけでわかる

視覚的な要素で理解を促進！

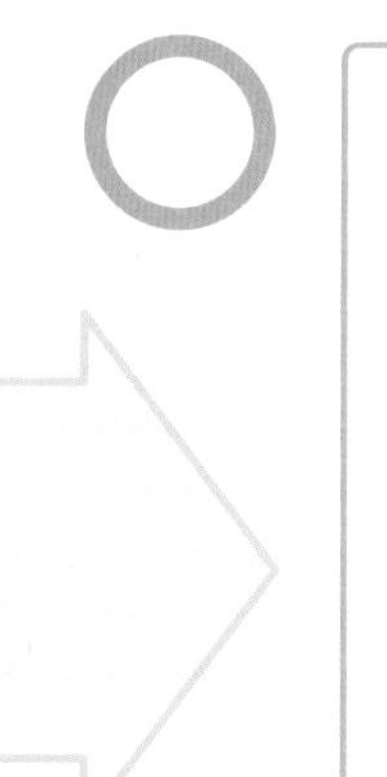

資料におけるデザインの重要性

資料作成においては、メッセージやストーリーの構成も大事ですが、デザインも重要な役割を担っています。

理解を助ける色分け

現状はグレー、改善策は鮮やかな色などにするとわかりやすくなります。

的確なグルーピング

どこからどこまでが話に関係があるのかをはっきりわかるように分けます。

直感的にわかる図解

手順の流れに沿って、左から右に見るようになっているとよいでしょう。

項目ごとに色分けされ、アイコンが加わったことで内容がイメージしやすい

トや写真)」で表現できないかを検討してみましょう。

上の右の作例を見てください。箇条書きにしていた3つの項目は並列関係にあるので、横に並べるレイアウトにしつつ、背景を色分けしてアイコンをつけてみました。こうすれば、**3つの要素があることがひと目で伝わり**、アイコンのおかげで**各項目の内容がイメージしやすくなり**、頭に入りやすくなります。もし適切な画像があれば、写真でもいいかもしれません。124ページでも解説したように、省スペースで簡潔に伝えたいなら、上の右の作例のようにアイコンが最適です。

ただし、要素を追加することになるので、本来伝えるべきメッセージが埋もれてしまわないように気をつけましょう。

058

文字サイズの最低限のルールは？

「本当はどのくらいがいいの？」スライドの文字サイズ

文字サイズ

SAMPLE_1

投影と配布の両方を考慮したサイズが理想

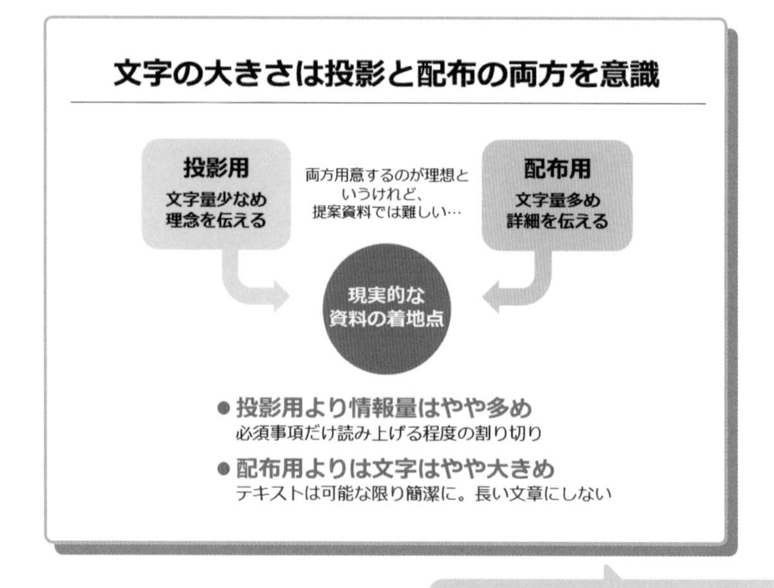

投影して見せることと、配布して読んでもらうことを踏まえた情報量と文字サイズに

見やすく、適切な情報量を意識した大きさに

よくプレゼンの際の投影用資料と配布用資料は別物だと聞きます。ただ、何かの講演で使う資料ならばともかく、ビジネスの提案用資料であれば直前まで編集が必要なシーンもあり、投影用と配布用の２種類を用意するというのは現実的ではありません。

本来、投影用資料は投影して見せるものなので、文字量は少なく、詳細は省きつつ理念を伝えるのが理想です。配布用資料は、詳細を理解してもらうものなので、文字量は多め、詳細をしっかり伝えるのが理想的です。とはいえ、筆者はその**投影用資料のわかりやすさと、配布用資料の合理性を取り入れた仕様**が、一番現実的だと考えています。具体的には２点あります。１つ目は、とにかく大きな文字で理念だけを語るよりはやや情報量を多く、ただし最低限の必

POINT

- 投影を意識した見やすい文字サイズで、配布を意識した簡潔な説明がある仕様が便利
- 「タイトル」「見出し」「本文」などの区別がつくようサイズや体裁に差をつける
- 可能なら、プレゼン当日と同じ環境で事前に投影して確認するのが理想

SAMPLE_2

役割ごとにはっきりと区別をつける

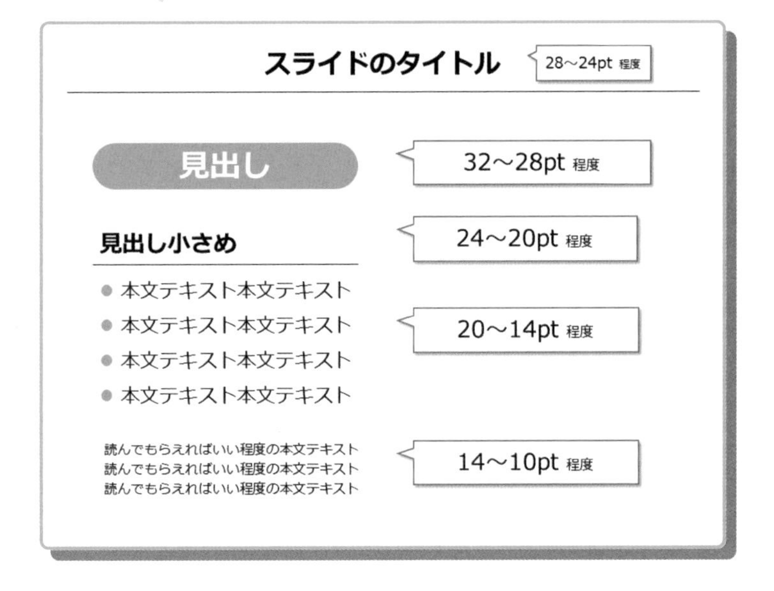

要事項だけを読み上げる程度に割り切ること。2つ目は、配布だけを目的にしたものよりは文字をやや大きめにし、必要に応じて文章も盛り込みつつも、可能な限り簡潔にすること。

また、文字の大きさは、文字が見やすいかどうかに加え、**サイズの差や体裁によって「タイトル」「見出し」「本文」がきちんと区別がつく**ことも重要です。

具体的な基本ルールとしてまとめたのが上の右の図です。タイトルは、28～24pt、見出しは32～28pt、小さめの見出しは24～20pt、本文は20～14pt、キャプションや注釈などは14～10pt程度がオススメです。

ただし、プレゼン発表時と同じ環境で事前に試せるなら、実際に投影して確認し、微調整しましょう。

059

すっきり見やすい文章にする方法は?

文字間・行間・余白でゆったりレイアウトにしよう

文章

BEFORE

ぎゅうぎゅう詰めで読むのが苦しい…

行間はほぼなし、文章を囲む枠線も余白がないので、文字を追いづらく読みにくい

サービスの特長

工場の生産ラインで日々記録される膨大なデータを高速・高度な分析で可視化し、ビジネスに活用します。在庫管理の最適化により売上が平均で10%アップするだけでなく、最適な人員配置の管理で残業時間を10%削減し、生産時のCO_2排出量も20%カットするなど、従業員の生活向上や地球環境の保護にも貢献します。

ゆとりあるレイアウトで安定感を

何気なく入力しているテキストも、ちょっとした設定を行うことで、より便利で見やすくすることができます。まずは**文字間**をチェックしてみましょう。文字間は、「ホーム」タブの「フォント」部分の「文字の間隔」を選択し、「狭く」もしくは「広く」を選ぶと文字の間隔が変わります。ただし、極端に狭くしたり広くしたりするとかえって読みにくくなりますので、どちらかというとレイアウトのスペース調整で使う方法と考えるのがよいでしょう。例えば、長いカタカナで**スペースに収まりきらない場合などに限定的に使います**。

一方、**行間と余白**は、読みやすくするためにぜひ設定を行ってください。特に、スライドでよく使われるメイリオというフォントは文字が大きめなので、**行間をゆったりとる**ことで安定

POINT

- 文字間は基本はそのまま、どうしても文字が収まらない場合などには限定的に調整
- 行間は1.1〜1.2程度でややゆったりさせると見栄えよく、安定感が出る
- 余白を多めにとると情報の詰め込みすぎ防止にも。0.3〜0.5cm程度がオススメ

AFTER

余白が生まれて安定感のある印象に

ゆとりが生まれて読みやすく！

サービスの特長

工場の生産ラインで日々記録される膨大なデータを高速・高度な分析で可視化し、ビジネスに活用します。
在庫管理の最適化により売上が平均で10%アップするだけでなく、最適な人員配置の管理で残業時間を10%削減し、生産時のCO_2排出量も20%カットするなど、従業員の生活向上や地球環境の保護にも貢献します。

適度な行間で文字が追いやすくなり、読みやすい印象に

感が出ます。

行間の設定方法は、「ホーム」タブの「段落」部分の「行間」→「行間のオプション」をクリックします。「段落」というポップアップウィンドウが表示されるので、「間隔」の欄にある「行間」で「倍数」を選択し、「間隔」を**1.1〜1.2程度**にすると見栄えがよくなります。

また、**余白を多めにとる**ことで、情報の詰め込みすぎを避けることができます。余白は、テキストボックスを選択後、右クリックして「図の書式設定」→「文字のオプション」→「テキストボックス」の順にクリックし、「左余白」「右余白」「上余白」「下余白」とある部分で余白を編集しましょう。左右は文字の折り返しで変わりますが、だいたい**0.3〜0.5cm程度**の余裕を持ったサイズがオススメです。

060

箇条書き

箇条書きを簡単に見やすくしたい

「読みたくなる」箇条書きの簡単3ステップ

BEFORE

テキストで「・」を入れただけ

・資料作成はまずストーリーが感じられる構成が必要です
・次にそれを裏付ける資料を揃えて内容に説得力を持たせます※グラフ・図解など
・そして見やすいようにレイアウトを整えればよりよくなります

折り返した先が「・」の下から始まるので、読みにくい

先頭のマークを変更

- 資料作成はまずストーリーが感じられる構成が必要です
- 次にそれを裏付ける資料を揃えて内容に説得力を持たせます※グラフ・図解など
- そして見やすいようにレイアウトを整えればよりよくなります

箇条書き機能で先頭のマークを変更し、折り返しも改善。ただ、まだ行ごとの区切りが見にくいので、改善の余地あり

余白を設けて「読みたくなる」箇条書きに！

資料作成では、箇条書きがよく使われます。ただ、テキストで文頭に「・」を入れただけの箇条書きもよく見かけます。一見、何もしないよりは読みやすいように感じるかもしれませんが、これでは、折り返した場合に、テキストが「・」の下から折り返されてしまって読みにくく、次の項目との境界もあいまいなので、ごちゃごちゃした印象になってしまいます。

そんなときは、箇条書き表記用の設定を行いましょう。簡単な操作で項目ごとの境界がはっきりした読みやすい箇条書きに変身します。まずは「ホーム」タブの「段落」部分の「箇条書き」を使って、丸や四角などの**好きな先頭のマークを選んでリスト表記**にします。「箇条書きと段落番号」をクリックすると、先頭のマークの色を変更できます。先頭のマークがつくことで、

POINT

- 文頭に「・」を入れただけの箇条書きは読みにくいので避ける
- 「箇条書き」設定を使うと文字の折り返しが正しくなり、先頭のマークも見やすくなる
- 各項目内の行間と項目ごとの間隔を調整し、余白を設けつつグルーピングを明確に

AFTER

各項目内の行間よりも項目ごとの間隔が広くなるように設定

余白を設けて完成！

- 資料作成はまずストーリーが感じられる構成が必要です
- 次にそれを裏付ける資料を揃えて内容に説得力を持たせます
※グラフ・図解など
- そして見やすいようにレイアウトを整えればよりよくなります

項目の境界が少しわかりやすくなります。また、折り返しも改善され、文章を目で追いやすくなり、ごちゃごちゃ感がかなり緩和されます。

これだけだと、まだ行ごとの区切りがなく見にくいので、項目ごとの間隔が広くなるように行間を調整し、余白を設けつつグルーピングを明確にしましょう。ここでは、箇条書きの各項目内の行間と項目ごとの間隔が区別しやすいよう、テキスト32ptに対して「行間：1.2」「段落後：30pt」に設定しています。設定方法は、「ホーム」タブの「段落」部分の「行間」→「行間のオプション」をクリックし、「段落」というポップアップウィンドウの「行間」「段落度」を調整すればOKです。項目ごとのまとまりがはっきりし、ゆとりが生まれたことで、何もしない状態よりずっと読みやすくなりました。

061

見やすい文字の配色ルールが知りたい

文字は黒か白、重要な箇所だけ色付け

文字の色

BEFORE

背景と文字にコントラストがないので文字が沈んで見える…

色数が多いスライドは三重苦に！

濃い色の背景+色の文字

テキストの配色を考える
テキストの配色で重要なのは、見た目が**きれい**ということ以上に**読みやすい**という点です。

濃いグレーの背景+色の文字

テキストの配色を考える
テキストの配色で重要なのは、見た目が**きれい**ということ以上に**読みやすい**という点です。

薄い色の背景+色の文字

テキストの配色を考える
テキストの配色で重要なのは、見た目が**きれい**ということ以上に**読みやすい**という点です。

薄いグレーの背景+色の文字

テキストの配色を考える
テキストの配色で重要なのは、見た目が**きれい**ということ以上に**読みやすい**という点です。

必要以上に派手派手しく、どこが重要なのかわかりにくい上、落ち着かない印象

カギは背景と文字の「明るさの差」

テキストの配色は、内容の正確さとは関係ないようですが、内容が伝わりやすいかどうかという点では非常に重要な要素です。

上の左の作例のように、すべての文字に色を付けてしまうと、色が付く以上、一番文字がはっきりと見える「真っ白と真っ黒の組み合わせ」から遠ざかってしまいます。背景と文字の明るさの差が少なくなり、ぼんやりした印象になります。また明るい色同士で組み合わせると、必要以上に派手な印象になります。しかも本文と目立たせたい文字の両方に目立つ色を使ってしまっているため、文章を読まないと結局どちらが重要なのかがわからず、直感的には伝わりません。そのため、必要以上に文字に色を付けるのは控えたほうがよいでしょう。

116ページで解説したように色数を抑えつつ、

POINT

- 文字にも背景にも欲張って色を使うと読みにくく、重要な箇所も不明確に
- 基本は「濃い色の背景と白の文字」「薄い色の背景と黒の文字」がオススメ
- アクセントとして重要な箇所にだけ目立つ色を使うと重要な箇所が明確に

AFTER

見やすい・重要な箇所がわかりやすい・落ち着いている

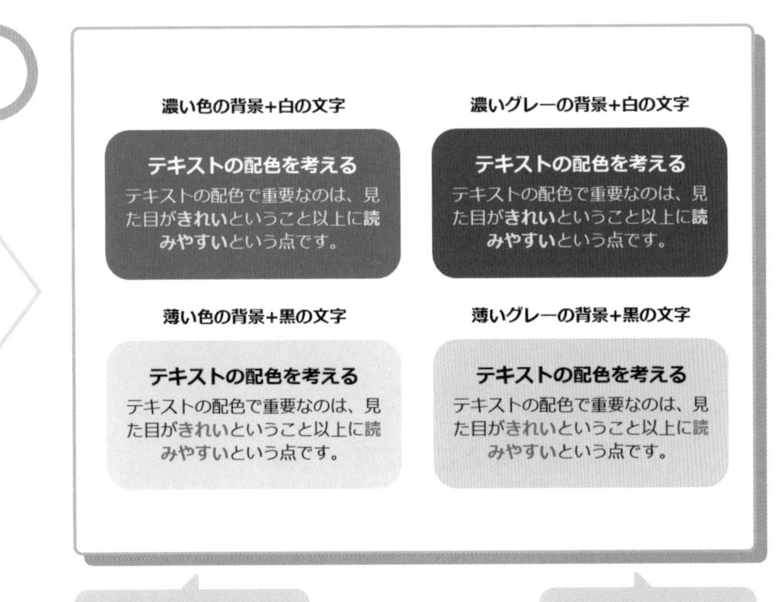

文字がはっきりと見えるのですんなり読みやすい

色数が少ないので重要な箇所が明確

背景と文字の明るさに差があるほど読みやすくなります。なぜなら、明るさに差がなければ、文字が背景に埋もれてしまい、パッと見で目に飛びこんでこないためです。しっかりと差があれば、すぐに文字が目に飛びこんでくるのですんなりと読めます。基本的には「**濃い色の背景と白の文字**」もしくは「**薄い色の背景（または白）と黒の文字**」がオススメです（正確にはスライドでは真っ白と真っ黒より、濃いグレーのほうが目にやさしいと言われています）。さらに、**目立たせたい文字にアクセントの色を付ける**と、その箇所だけ目立つので、直感的に重要な箇所がわかるようになります。ごちゃごちゃ感もなくなるので落ち着いた印象も生まれます。基本的にはスライドの背景、文字、重要な箇所で合計３色までにとどめましょう。

062

吹き出し

ポイントや注釈を吹き出しで見せたいけど、不格好な形になる

きれいな吹き出しは「口の見せ方」がキーポイント

BEFORE

思った場所に思った幅で吹き出し口がつけられなくて不便…

デフォルトの吹き出しは不格好になりがち

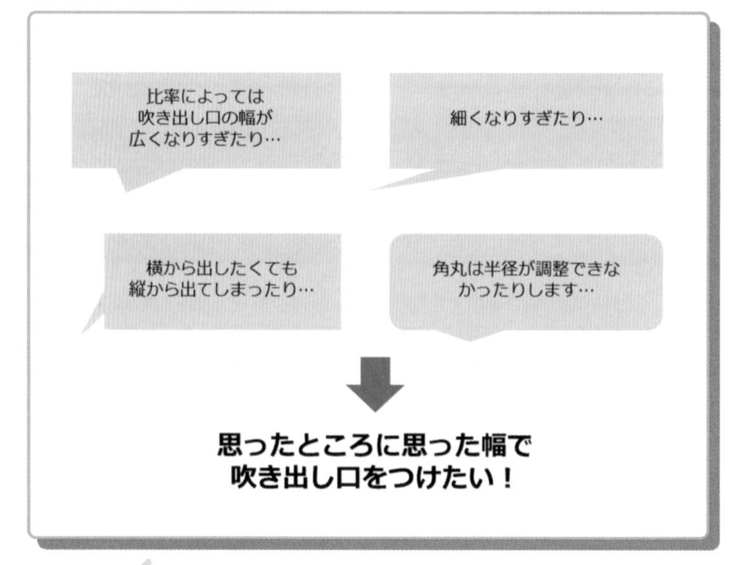

吹き出し口の形が決まらないと不格好に……

自作して思い通りの位置と幅の吹き出し口をつけよう

スライド内に要点や注釈の文章をつける際、パワーポイントにデフォルトで搭載されている吹き出しオブジェクトは自由に吹き出し口を動かせるので重宝します。

しかし、吹き出し口をちょっと動かすと横から出ていた口が縦の辺に移動してしまったり、または幅が必要以上に太くなったり細くなったりしてしまって、不格好になりがちです。

見栄えにこだわるなら、オリジナルの吹き出しオブジェクトを作成するのがオススメです。四角形や角丸四角形、楕円や雲形など**好みのオブジェクトに小さめの二等辺三角形オブジェクトを組み合わせて、枠線なしで塗りつぶす**と完成です。うまくできたものは、1つのスライドにまとめておいて、コピペして使える吹き出しファイルとして保存しておくと便利です。

POINT

- パワーポイントの吹き出しオブジェクトは吹き出し口の調整が難しい
- 四角形などに小さめの二等辺三角形を組み合わせて自作して口をきれいに見せる
- 四角形のほかに、角丸四角形、楕円や雲形などさまざまな形で作れる

AFTER

四角形＋二等辺三角形で自作すればきれいに！

①四角形と二等辺三角形をグループ化

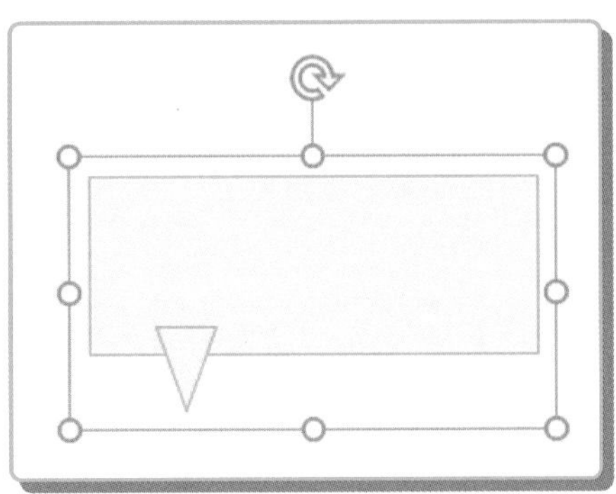

②二等辺三角形だけを動かして口を調整

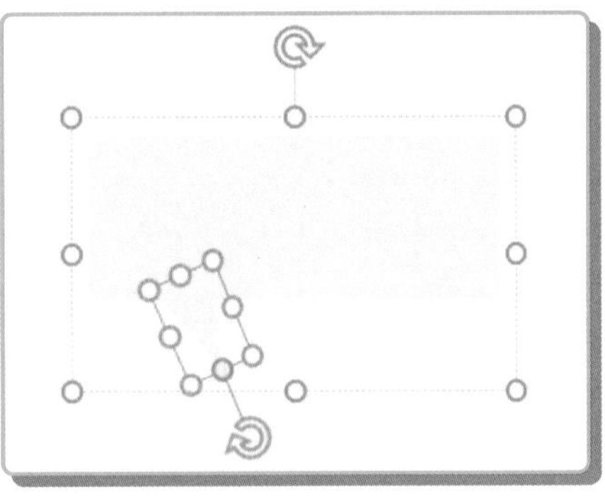

ダブルクリックすれば、二等辺三角形オブジェクトだけを自由に調整できます

③枠線なしで塗りつぶせば完成！

④四角形以外の形でも作れます

063

吹き出し

吹き出しといえど何でもよいわけではない

覚えておきたい！吹き出し4パターン

言いたいこと・見せたいもので使い分けよう

❶ ツノと枠線だけに色を付ける

特定の情報だけに注目を集めたいときは吹き出しのツノと枠線だけに色を付けるのがオススメです。表など複数の項目があり、比較する見せ方をしたいときによく使います。

他社との比較

週次レポート・電話サポートは当社だけ！

	当社サービス	A社サービス	B社サービス	C社サービス
価格	200円/ユーザー	200円/ユーザー	300円/ユーザー	150円/ユーザー
レポート	毎週	毎月	毎月	なし
サポート	電話、メール	メール	メール、チャット	メール

❷ 線で長いツノを作る

グラフに吹き出しを付ける場合、ある程度離れた場所に吹き出しを置かなければならないときは、線オブジェクトを使うとよいでしょう。先端は「矢印の種類」から円形矢印やひし形矢印にしておくと見やすくなります。

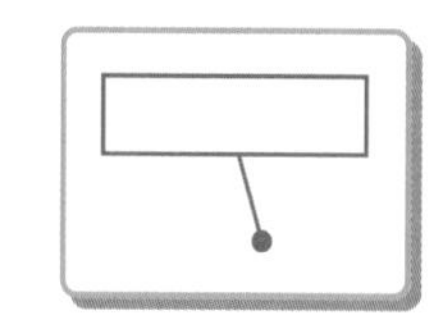

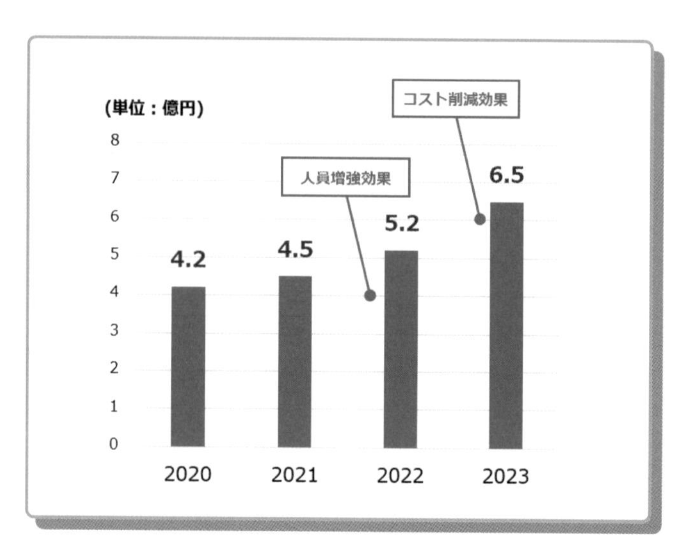

POINT

- 吹き出しはシーンごとに合うものを選ぶと資料のクオリティがアップ
- グラフなどで離れた場所に吹き出しを付ける場合はツノが長いものに
- 吹き出しはメッセージを目立たせたり、レイアウト上の区切りとしても使える

弊社の業務範囲

仕入れ	販売		事後対応
企画立案	商材登録	商材発送	サポート
商材選定	店舗運営	決済処理	返品対応

ショップ運営をトータルサポートいたします

❸ 吹き出しで区切る

吹き出し内の情報が多い場合や、メッセージを吹き出しにしたい場合には、スライド横幅いっぱいに背景色を置き、吹き出しを作る方法があります。目立つ上にスペースも大きく確保できるので便利です。

セキュリティ対策
社内勉強会

❹ 直線でスッキリした吹き出しに

関係性をしっかり提示するほどではないけれど、罫線の感覚でさらっと使いたいという場合には、直線にツノを付けたような吹き出しが便利です。フリーフォーム：図形を使って作ります。

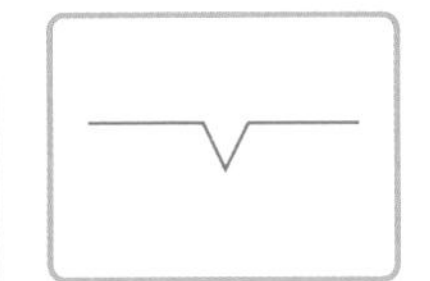

– COLUMN –

資料作りって芸術的センスが必要なのでは…

資料は「伝えたいことを正確に相手に伝える」ツールです

大切なのは、内容がちゃんと伝わるかどうか！

資料作成についての相談を受けると、しばしば「私は芸術的なセンスがないんですが…」というお悩みを聞くことがあります。確かに、きれいな配色やおしゃれな写真素材で装飾された資料は目を引くので、芸術的センスが不要とは言い切れません。しかし、資料は額縁に入れて飾るアート作品ではなく、提案したい内容を伝えるビジネスツールです。

一番大切な「伝えたいことを、正確に相手に伝える」という要件さえ満たしていれば、むしろあっさりしていたほうが見やすいですし、残りの時間で内容を吟味することもできます。

くれぐれも枠のメタリックな質感や、オブジェクトにつける影などに時間をかけすぎて、肝心の内容がおろそかにならないよう気を付けましょう！

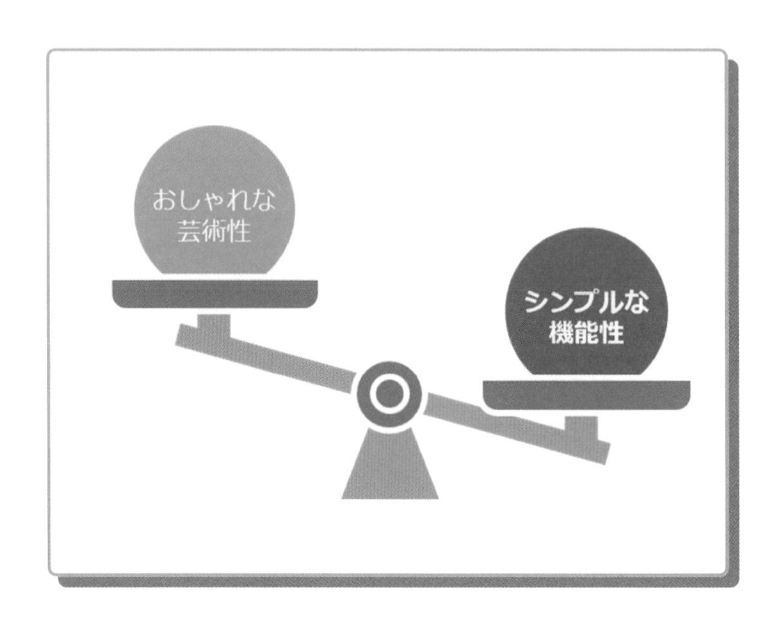

LESSON 6

資料作りがラクラク！パワポの便利ワザ

064

ガイド

オブジェクトをきれいに配置するための便利ツール

ルーラー・グリッド・ガイドは定規・方眼紙・目印の役割

目印にしてレイアウト決めや仕上げに活用！

パワーポイントには、きれいにレイアウトを行うための目印が用意されています。「表示」タブの中にルーラー・グリッド線・ガイドという項目があり、これらにチェックを入れると、それぞれを画面上に表示することができます。

ルーラーは、スライドの上と左に表示される定規のようなものです。オブジェクトの大きさを確認したり、スライドの中心からの距離を測ったりすることができます。

グリッド線は方眼紙のようなもので、あらかじめ線の間隔を決めておくと、点線でそのサイズのマスが表示されます。

ガイドは、グリッドと似てはいるのですが、任意に追加できる目印のラインです。初期設定ではスライド中央に十字に入っています。右クリックで追加や削除、色変更が可能です。スライドの余白指定やタイトルの位置など、資料全体を通して共通するレイアウトの基準に使うと便利です。

これらは常時表示させる必要はありませんが、レイアウト決めや仕上げの際などで確認のために使うとよいでしょう。

ルーラーとグリッドが配置の指標に

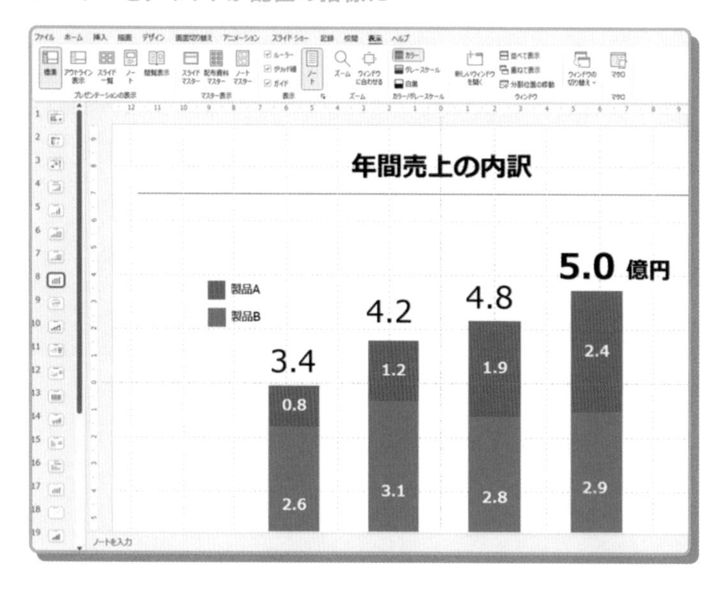

POINT

- ルーラーは、スライド上の長さを測る定規で、スライドの上と左に表示される
- グリッドはオブジェクトを正確に配置するための方眼紙のような目盛り
- ガイドは、レイアウトで目印になるライン

ガイドは文字の配置などに役立つ

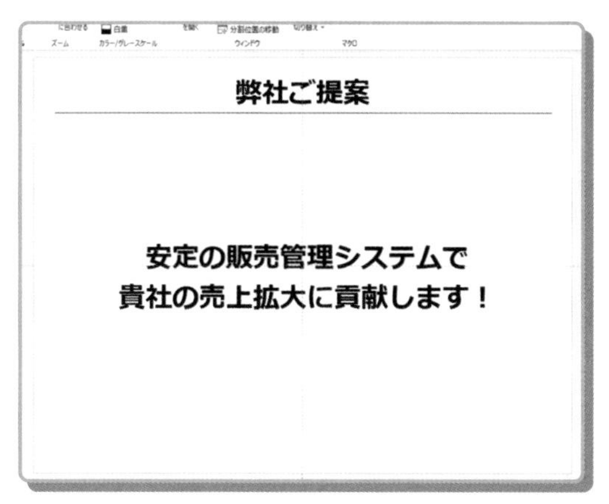

初期設定ではスライドの中央に十字に入っているので、中央にキャッチコピーを置きたい場合に便利です

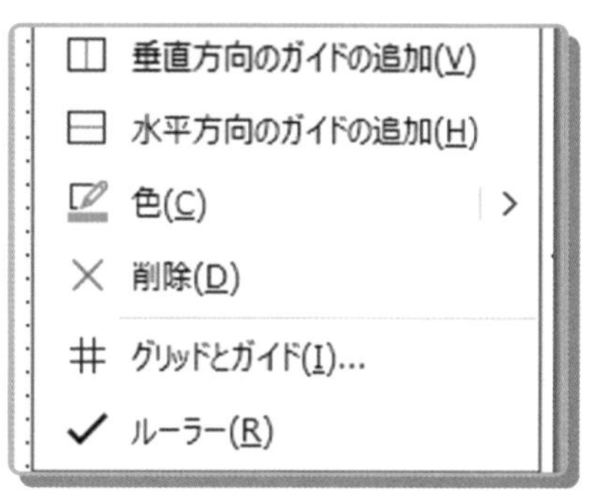

ガイドを右クリックすると追加や表示を設定可能

グリッドやガイドの詳細設定も可能

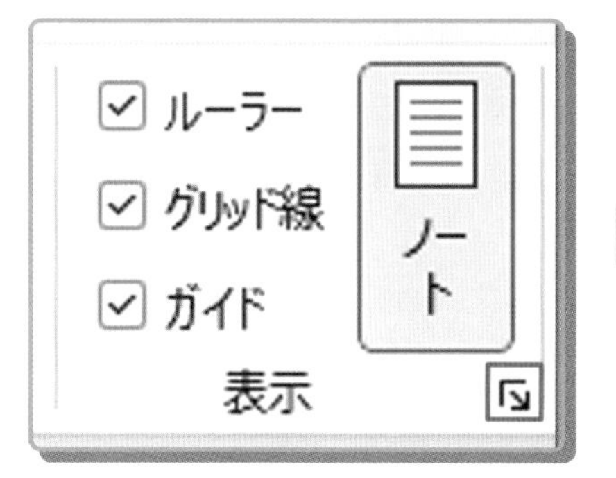

右下の矢印をクリックするとポップアップが表示されます。グリッドの間隔はここで設定します。また、スマートガイドはとても便利な機能なので、オンにしてください（詳細は162ページを参照）

065

ガイド

オブジェクトがちょこっとだけガタガタしがち…

目視でもオブジェクトが揃う！スマートガイドは必ず「オン」

スマートガイドで簡単！　きれいにレイアウト！

きちんとオブジェクトが揃った資料と、適当にオブジェクトを放り込んだだけの資料では、同じ内容であっても説得力が大きく違います。見た目が汚い資料よりも、整理されている資料のほうが、内容もきちんとしているように感じるものですよね。

そこで使えるのがスマートガイドという機能。スマートガイドは、**オブジェクトを目視で並べようとする際に、オブジェクトが揃うように知らせてくれる**便利な機能です。例えば複数のオブジェクトを等間隔に並べたいときは等間隔になる位置を、また中心を揃えて縦または横に並べたいときはオブジェクトの中心が揃う位置でガイドが表示されます。

等間隔のときは、左下の図のように、左右両端が矢印になったマークが表示されます。オブジェクト同士が接合したり中心に来たときは点線が表示されます。**Shiftキーを押しながらオブジェクトを動かすと、垂直もしくは水平方向に動きを固定**できるので、スマートガイドと合わせて使うときれいなレイアウトになります。

ぴったり接合させたり、中心を揃えたりも可能

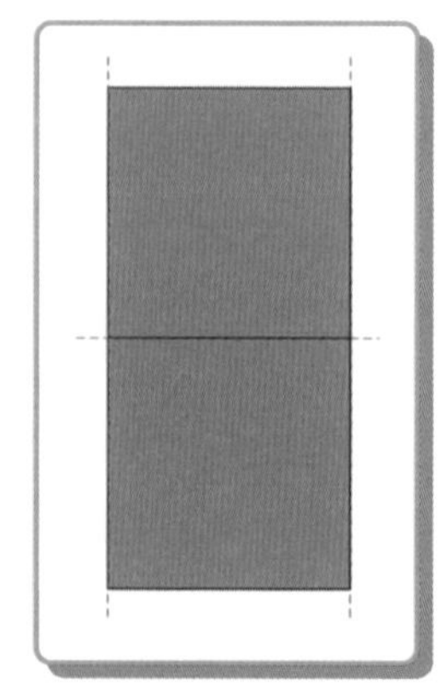

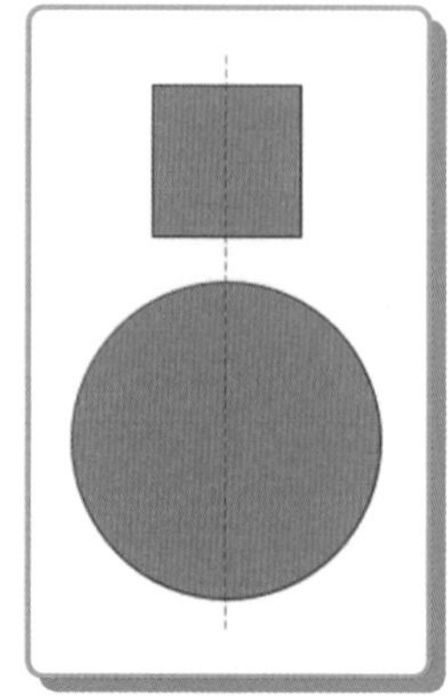

間隔が等しくなる位置でガイドが表示

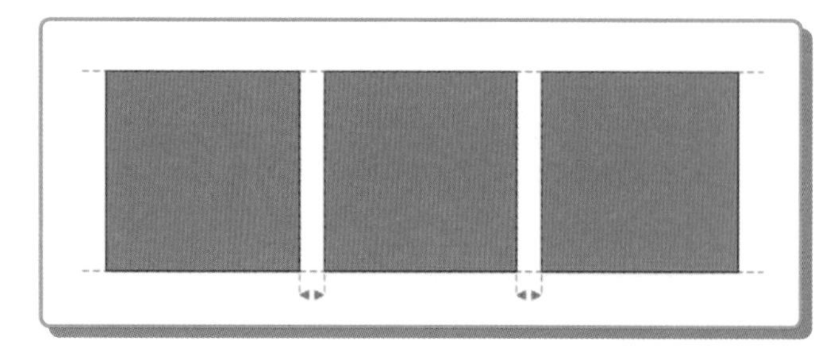

LESSON 6 操作技

POINT

- オブジェクトを配置する際にはスマートガイド機能を必ずオンにする
- オブジェクトを目測で並べようとする際に、きれいに揃う位置で知らせてくれる
- 思い通りにオブジェクトが動かない場合はAltキーを押しながら動かす

微調整したいときはAltキーを押しながら

スマートガイドをオンにするには、「表示」タブ→「ガイド」の右下にある矢印の順にクリックし、「グリッドとガイド」ウィンドウが表示されたら「**図形の整列時にスマートガイドを表示する**」にチェックを入れます。

便利な機能ですが、グリッド機能がオンになっていたり複数のオブジェクトが近くにあるとオブジェクトがスマートガイドに沿って一定の間隔でしか動かず、思った場所に動かせないことも。そこで、**Altキー**を押しながらオブジェクトを動かしてみると、**周囲のオブジェクトの影響を受けず、思い通りに微調整**ができます。積み上げ棒グラフに補助線を引きたいときや、画像をトリミングしたいときなどにも使えます。

近接したオブジェクトに干渉されて思い通りに動かせない！

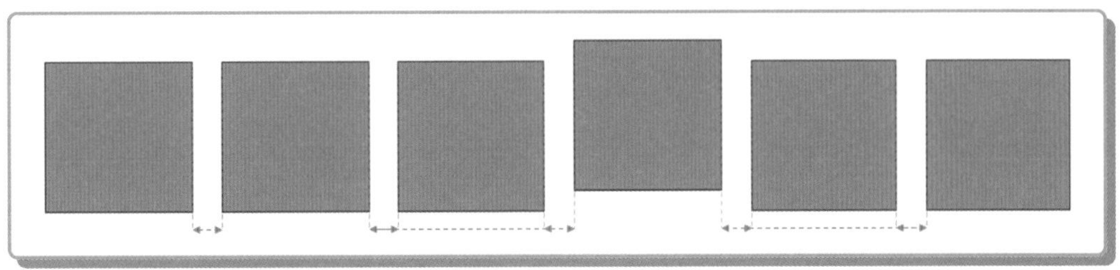

オブジェクトが近くに複数ある場合や、前ページで紹介したグリッド機能をオンにしている場合、それらが干渉して、思った通りの場所に動かせないことがあります

Altキーを押しながらだと動かせる

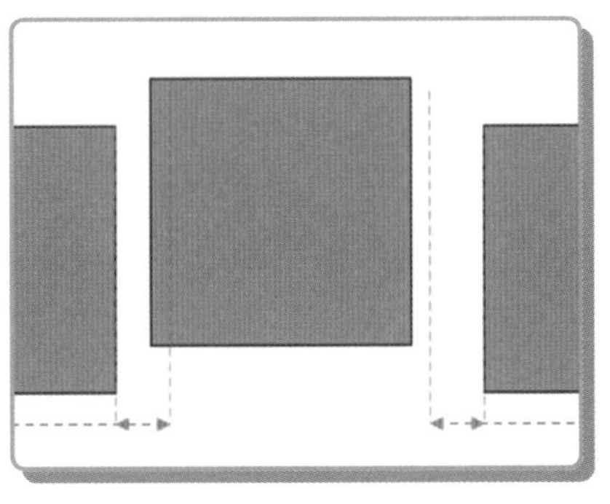

Altキーを押しながらオブジェクトを動かすと、スマートガイドを無視して、自由に動かすことができます

066

配置

オブジェクトがたくさんある場合、1つ1つ揃えるのは面倒…

複数のオブジェクトは「ワンクリック」で整列

「配置」機能でまとめてきれいに並べる

前の162ページで紹介したスマートガイドを使えば、ある程度効率的にオブジェクトをきれいに配置することができます。しかし、たくさんのオブジェクトをスライド内に配置するような場合は、スマートガイドを使いながら、1つ1つ配置していくのも面倒です。パワーポイントには、複数のオブジェクトをまとめて整列できる「配置」機能があるので活用しましょう。

「配置」機能には上下左右、中央などさまざまな種類の整列方法が用意されています。整列させたいオブジェクトをすべて選択してから、好きな整列方法を選んでクリックするだけで、一気に揃えることが可能です。

例えば「上揃え」で整列してから、「左右に整列」を使うと、バラバラに置いたオブジェクトを一直線で等間隔に並べることができます。また、オブジェクトを1つだけ選択した状態で「中央揃え」を選択すると、スライドに対して中央に配置することが可能です。

「配置」機能は、整列したいオブジェクトを選択後、「ホーム」タブ内の「配置」ボタンをクリックし、ポップアップウィンドウの「配置」を押すと整列方法を選択できます。

「配置」機能で一気に整列可能

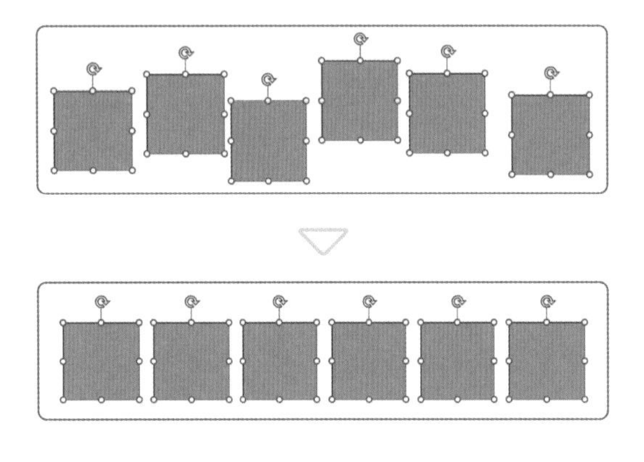

「配置」タブから整列方法を選べる

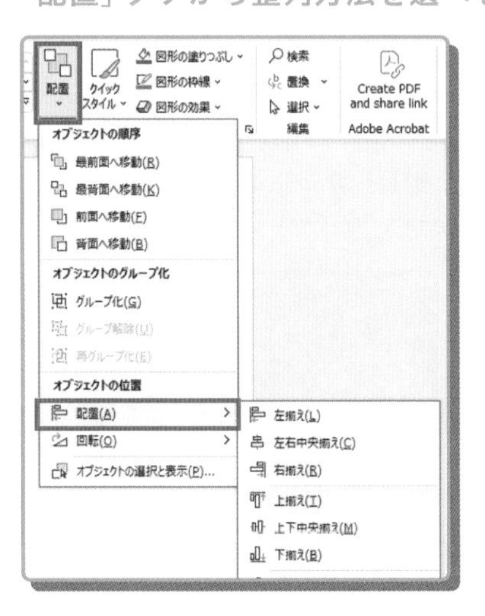

POINT

- 複数のオブジェクトを整列したいときは「配置」機能で整列するとまとめて一気に整列できる
- オブジェクト同士を揃えるか、スライドに対して揃えるかも選択できるので目的に応じて使い分けよう
- 1つのオブジェクトだけを選択して「中央揃え」を選択するとスライドの中央に配置可能

オブジェクト同士を揃えるか、スライドに対して揃えるか

「配置」機能にはオプションがあり、選択したオブジェクトに対して適用するほかに、「スライドに合わせて配置」という方法もあります。整列方法を選ぶ際に、整列方法の下に「選択したオブジェクトを揃える」と「スライドに合わせて配置」の2項目が表示されます。

通常は前者を使いますが、「スライドに合わせて配置」にチェックを入れてから、整列方法を選ぶと、複数のオブジェクトを、スライドの天地左右に合わせて等間隔に並べることができます。

オプションを変えると…

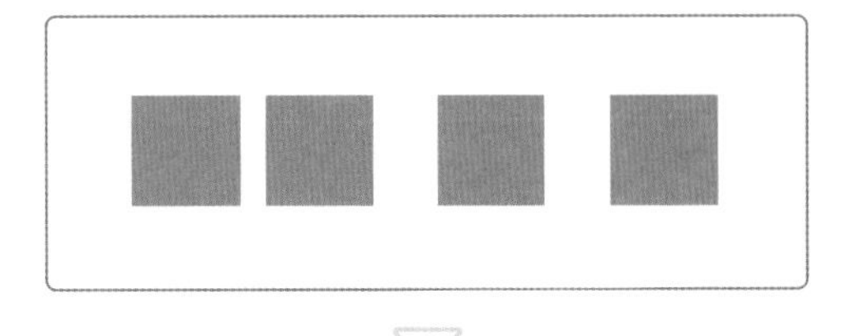

左右に整列(H)
上下に整列(V)
✓ スライドに合わせて配置(A)
選択したオブジェクトを揃える(O)

「選択したオブジェクトを揃える」を選択

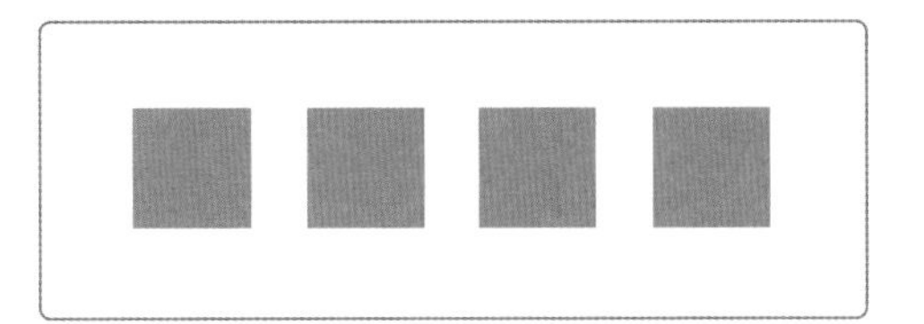

選択した範囲内でオブジェクトが整列します。通常はこちらを使います

「スライドに合わせて配置」を選択

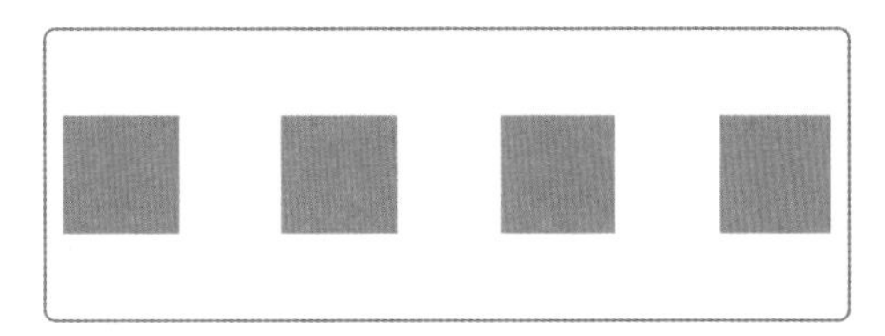

スライド全体に対して、オブジェクトが整列します

067

コピペ

オブジェクトの見た目が1つだけ違ってしまった

見た目が違うオブジェクトは「書式コピー」で一発統一

色や枠線、影などがそっくり同じに

グラデーションや色の枠線を設定した図形を作り、他の図形も同じ見た目に揃えたいというシーンはよくあります。でも、新しい図形を作るたび、手作業で同じ設定を追加するのは面倒ですよね。

そんなときは「書式のコピー」という機能を使います。書式のコピーでは、塗りつぶしや枠線以外にもフォント指定、フォントサイズ、行間設定、影、ぼかしなど数多くのプロパティを一括でコピーし、他の図形に適用することができます。

ただし、図形の形そのものは書式ではないのでコピーできません。この場合はオブジェクトを選択した後、「書式」タブ→「図形の編集」→「図形の変更」の順にクリックして変更したい図形を選ぶと、簡単に図形を変更できます。

✕ 1つだけ見た目が違ってしまった！

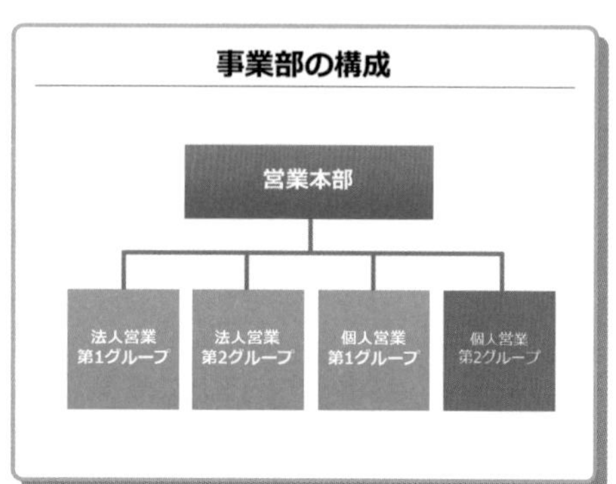

○ 書式をコピーすれば簡単に統一！

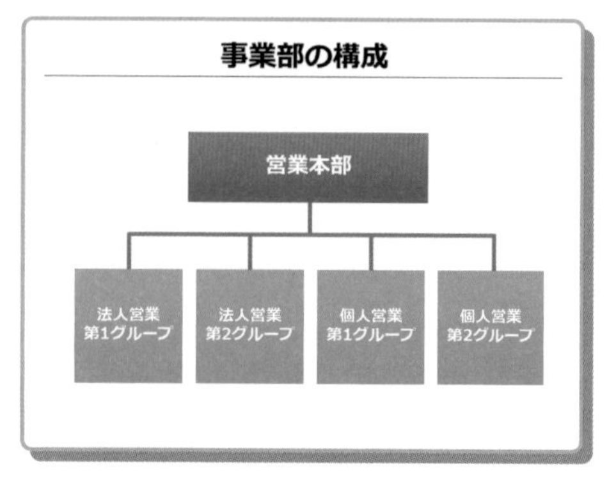

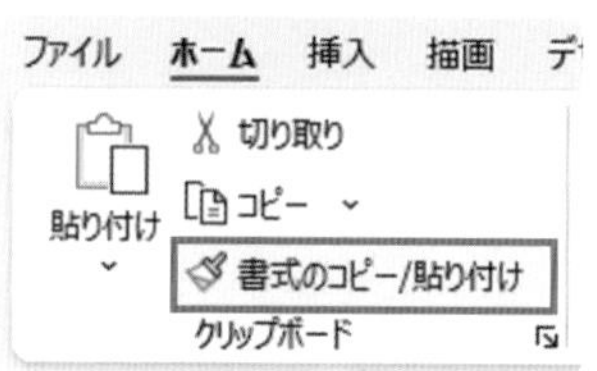

LESSON 6 操作技

POINT

- オブジェクトの見た目をすべて揃えたいときは「書式のコピー」を使う
- 「書式のコピー」機能では、色や枠線、影、フォントなどの書式を一括で適用できる
- 図形の種類自体はコピーできないので、「図形の変更」機能で図形を変更する

左の青い四角の書式をコピーして右の四角に適用すると…

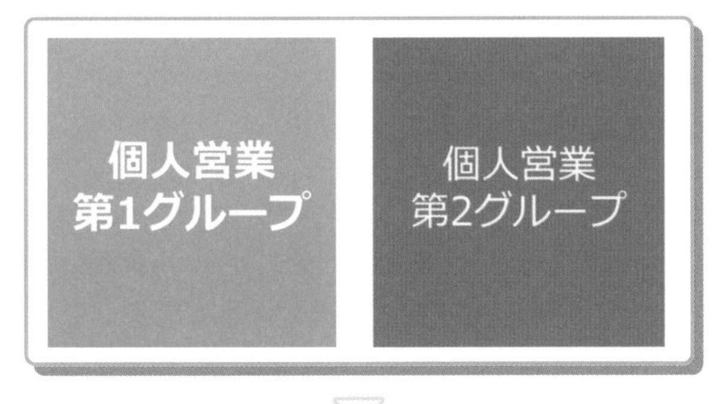

オブジェクトの色や枠線、フォントや文字色などの書式を揃えたい場合は、元のオブジェクトを選択した状態で「ホーム」タブにある「書式のコピー / 貼り付け」をクリックします。カーソルがハケのアイコンになったら、書式を適用させたいオブジェクトをクリックします

書式がコピーされて、同じ見た目に!

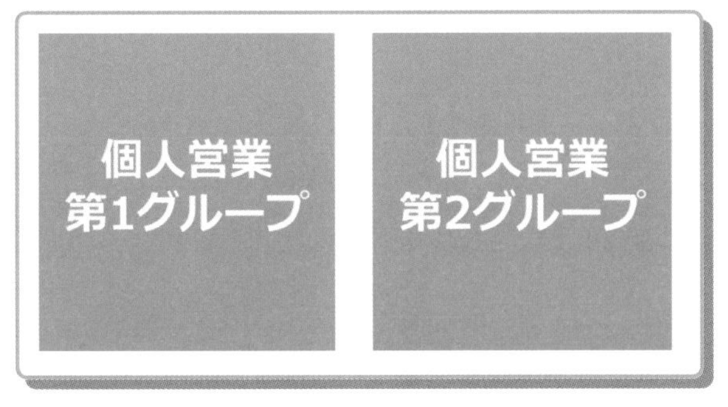

図形の形までは書式コピーでは統一されないので注意

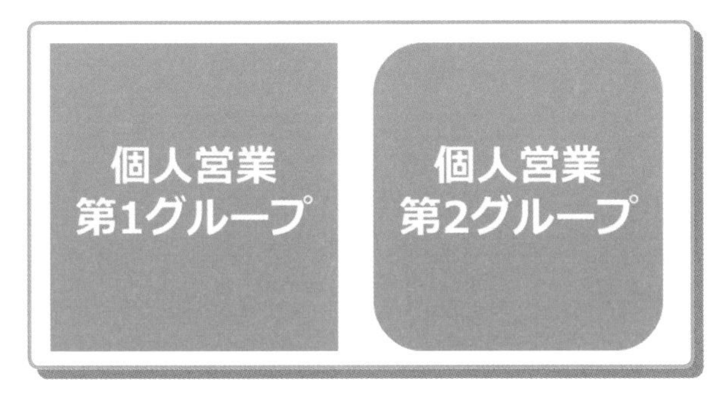

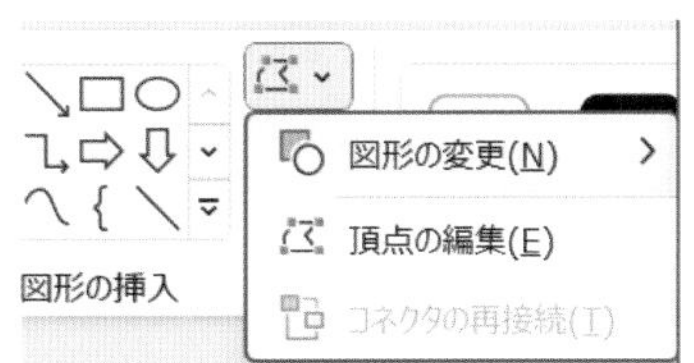

「書式のコピー / 貼り付け」では、オブジェクトの種類までは継承できません。オブジェクトの種類を変更したい場合は、「図形の変更」機能を使います

068

コピペ

他の資料で使ったグラフや図解を流用したい！

違う資料からコピペするなら貼り付け方に要注意！

コピー元とペースト先の書式設定の違いに注意

パワーポイントで作られた複数のファイルから、グラフや図解などの必要なオブジェクトを集めて新しい資料を作成する際、コピー＆ペーストを使うことが多いでしょう。このとき、元のオブジェクトと違う見た目になって驚いたことはありませんか？

おそらくそれは**コピー元のファイルと、ペースト先のファイルの書式設定が異なっているか**らです。書式とは、文字や図の体裁の設定のこと。つまり、デザインの設定です。これが異なっている場合は、コピー＆ペーストの際に注意が必要です。

そこでオススメなのが、**「貼り付けのオプション」で貼り付け（ペースト）方法を使い分けること**です。3つの方法がありますので、用途に応じて選ぶといいでしょう。

貼り付けたら、まったく違う見た目でびっくり！

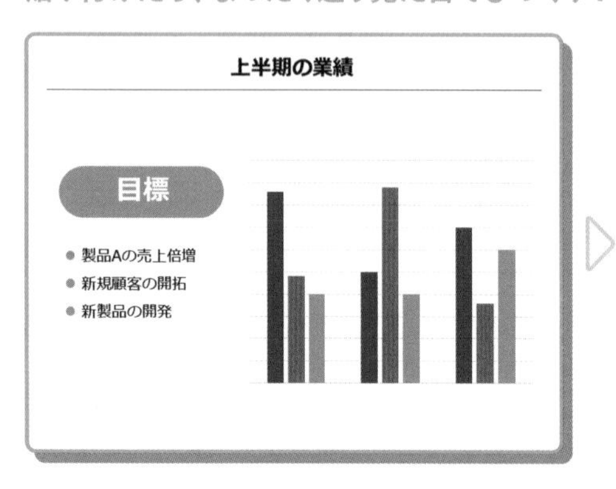

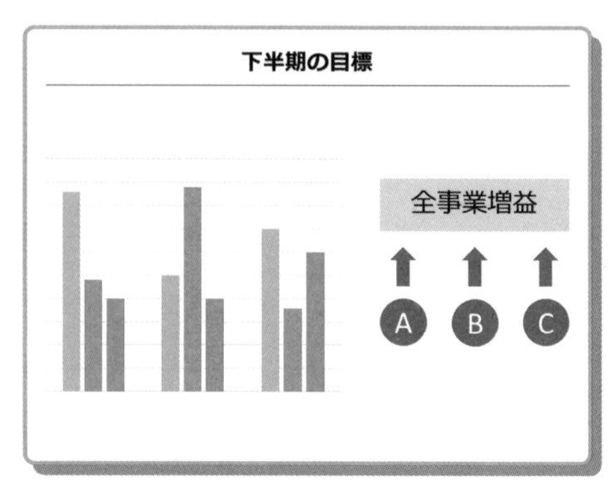

LESSON 6 操作技

POINT

- 別のファイルからオブジェクトをコピペする際は、貼り付け方法を使い分けよう
- 新しいファイルの見た目に合わせるなら「貼り付け先のテーマを使用」で貼り付ける
- コピー元の見た目をそのまま使うなら「元の書式を保持」で貼り付ける

どっちのファイルの書式に揃えるかで使い分ける

まず、「貼り付け先のテーマを使用」は、ペースト先のファイルのデザインが適用されます。新しいファイルの書式に揃えたい場合は、この方法がよいでしょう。

次に、「元の書式を保持」は、コピー元のデザインを適用してペーストします。すでにデザインが完成しているオブジェクトをそのまま使いたい場合や、新しいファイルの書式ではデザインが崩れる場合などに使うとよいでしょう。

最後は、やや方向性が違うのですが、「図」としてペーストします。オブジェクトではなく、1枚の画像としてペーストされるので編集できないというデメリットがありますが、参照だけしてほしい場合に役立ちます。

貼り付けのオプション

❶ 貼り付け先のテーマを使用

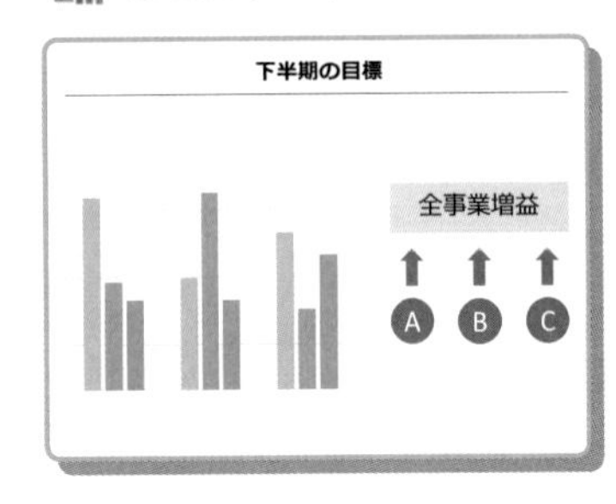

ペースト先のスライドの書式（背景・配色・フォントなど）が適用されます

❷ 元の書式を保持

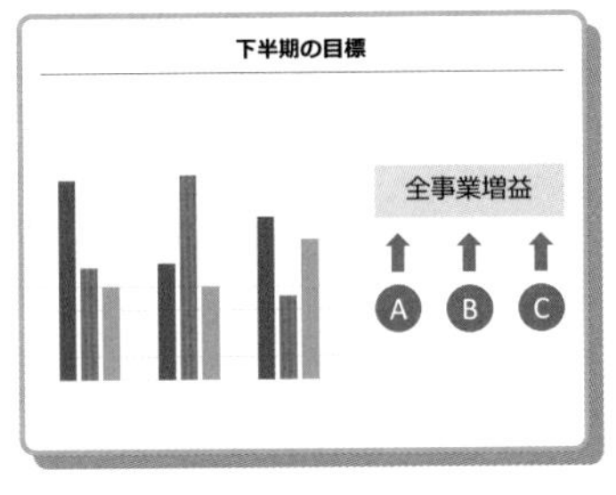

コピー元のファイルの書式が適用されます

❸ 図

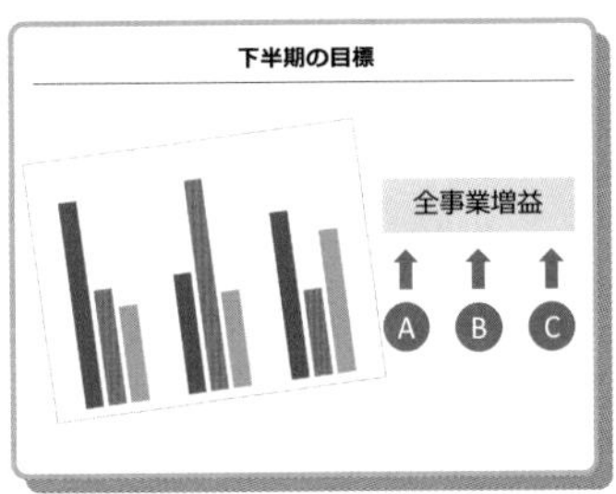

コピー元の見た目のまま、オブジェクトではなく1枚の画像としてペーストされます

069

図

吹き出しなどに文字を入れるときれいに収まらない…

オブジェクト内に文字をピッタリ収める方法

わざわざテキストボックスを別で作る必要ナシ！

オブジェクトの図形にテキストを入れるとき、あなたはどのように入力していますか？　パワーポイントでは、オブジェクトに直接文字を入力することができますが、変な位置で勝手に改行されてしまい思った通りに配置できないことが多いです。そのため、別途、背景を塗りつぶしていないテキストボックスを用意し、オブジェクトに重ねているという人も多いのではないでしょうか。

ただ、この方法だと、編集するときにオブジェクトが増えて取り扱いが面倒です。また、背景のオブジェクトの書式とテキストボックスの書式が別々なので、コピー時に、両方を選択した上でコピーするなどひと手間かかり、できれば避けたい方法です。やはり、１つのオブジェクトになっているほうが便利ですよね。

✕ 変な位置で改行されてしまう

✕ オブジェクトの数が増えてしまう

オブジェクトにテキストがきれいに収まらないからといって、オブジェクトとテキストボックスを別々に作って重ねている人がいますが、これだと不便です

POINT

- わざわざテキストボックスを別に用意し、オブジェクトに重ねる必要はナシ
- 「図形内でテキストを折り返す」をオフにすると自由に入力できるようになる
- 微調整をするなら上下左右の余白を調整するのがオススメ

「図形内でテキストを折り返す」をオフに

そこで、オブジェクトに直接入力するテキストの設定を変更しましょう。

図形を右クリックして「図形の書式設定」をクリックし、「図形の書式設定」を表示します。「図形のオプション」タブの一番右側のアイコンをクリックし、「テキストボックス」をクリックします。その中の**「図形内でテキストを折り返す」のチェックを外して**みましょう。テキストが図形内で自動で折り返されなくなり、思った通りの位置で改行できるので、図形の輪郭に影響されずにテキスト入力を行うことができます。

位置の微調整は、上下左右の余白を調整するとやりやすいです。余白の設定は、折り返し同様、「テキストボックス」内の左余白、右余白、上余白、下余白でそれぞれ設定できます。

○ 自分で改行してきれいに収められる

図形の輪郭に合わせて勝手に折り返されないようにすると、自分で思った通りに図形にテキストを収められる

▲ テキスト ボックス
垂直方向の配置(V)　上下中央
文字列の方向(X)　横書き
◉ 自動調整なし(D)
○ はみ出す場合だけ自動調整する(S)
○ テキストに合わせて図形のサイズを調整する(F)
左余白(L)　0.3 cm
右余白(R)　0 cm
上余白(T)　0.4 cm
下余白(B)　0
☐ 図形内でテキストを折り返す(W)
段組み(C)...

金加工

毎回は使わないけど覚えておくと便利

金のリッチ加工で豪華に演出

イベントなどで地味に使えるリッチ加工

近年の資料デザインは、シンプルかつフラットなものが主流です。基本的には、そういったシンプルなデザインが見やすくてよいのですが、イベントや表彰の発表などのスライドには、わかりやすさよりも演出に重きを置く場面もあります。通常のベタ打ちの文字だと寂しいので、「少しリッチ感を出したい」というときは、「図形の書式設定」で加工を施してみましょう。わざわざ有料素材を買わなくて済みます。例えば、下の作例の左側のような質感を文字に施せば、表彰イベントのスライドや、自社商品が賞を取ったりランキング1位になったりした際のアピールに使えます。

必要なときにワンクリック複製

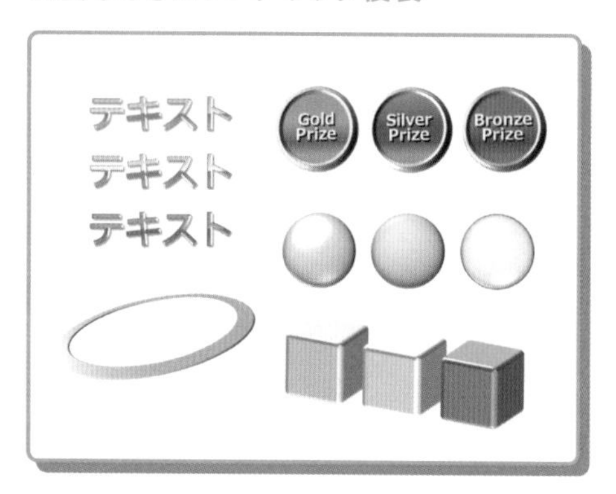

よく使う書式やプロパティはストック！

166ページでも紹介した「書式のコピー」機能は、見た目が異なるオブジェクトの見た目を統一できるのはもちろん、複雑なプロパティをクリックひとつで再現できるという点もメリットです。つまり、一度作った書式を保存しておけば、必要なときにそれを書式ごとコピーして貼り付けて、すぐに複製できるということです。

そこで、よく使うお気に入りの書式は、1つのスライドにまとめておき、絵の具のパレットのように使いましょう。毎回イチから作る手間を省けて効率的に見た目を整えられます。また、複数の人で作業を進める際には、「見出し」「吹き出し」「図形」などそれぞれの書式をルール化したものをまとめておけば、資料の体裁を揃えるためのツールとしても利用できます。

メタリックな質感の文字設定例（文字のオプション）

文字の塗りつぶし（グラデーション）

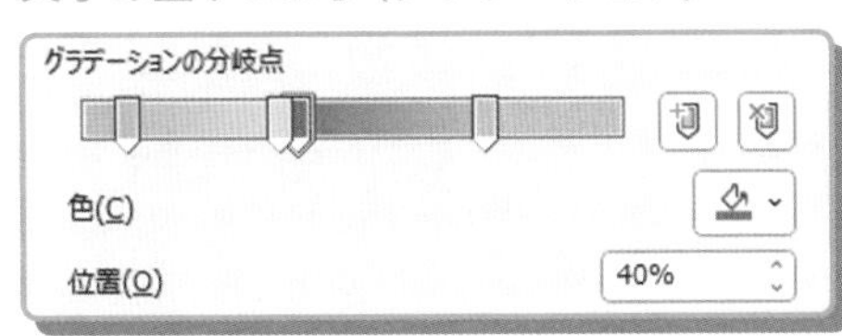

文字の輪郭

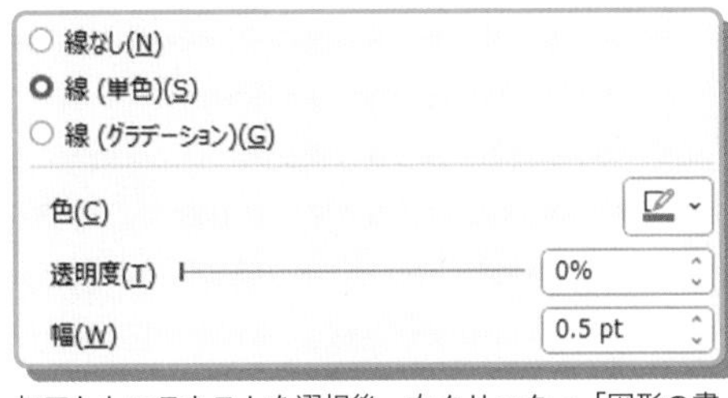

加工したいテキストを選択後、右クリック→「図形の書式設定」→「文字のオプション」で各項目を設定します

影

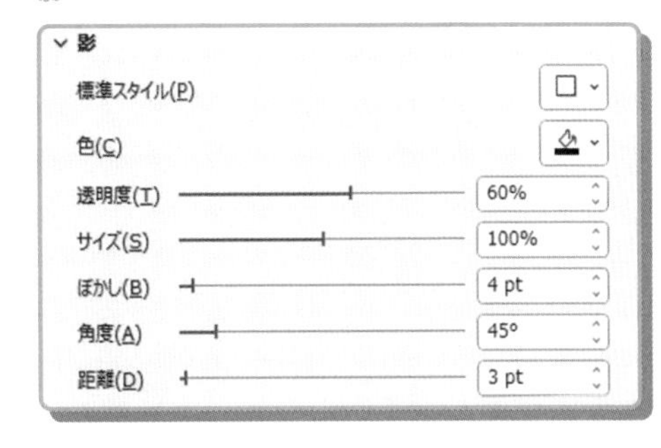

3-D書式 面取り（上）

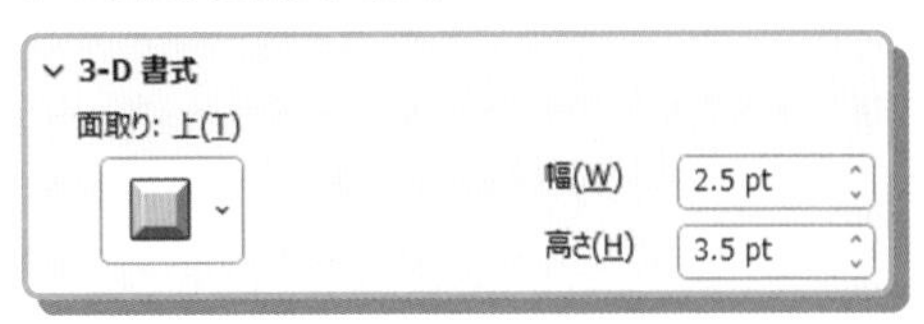

オブジェクトの立体化も可能

普通の四角や丸を立体化できます。例えば、これらの中に文字を入れたり、シンプルな資料を少し印象的に見せたいときなどに使えます。

平面の図形が立体に！

立体化の設定例（図形のオプション）

塗りつぶし（単色）

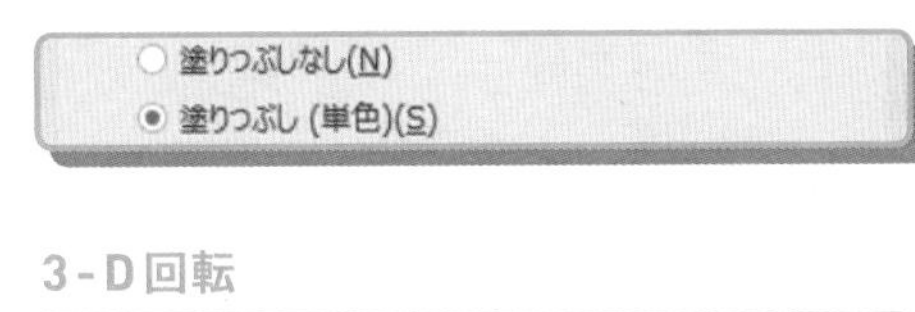

3-D回転

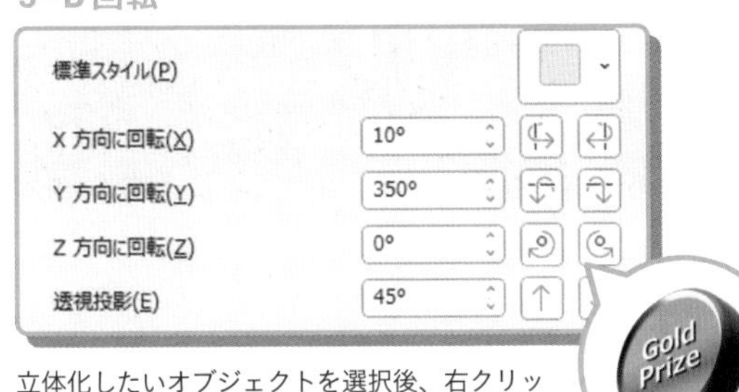

立体化したいオブジェクトを選択後、右クリック→「図形の書式設定」→「図形のオプション」で各項目を設定します。「3-D回転」のプロパティを変更すると、立体の角度も調整できます

3-D書式 面取り 奥行き 輪郭 質感 光源

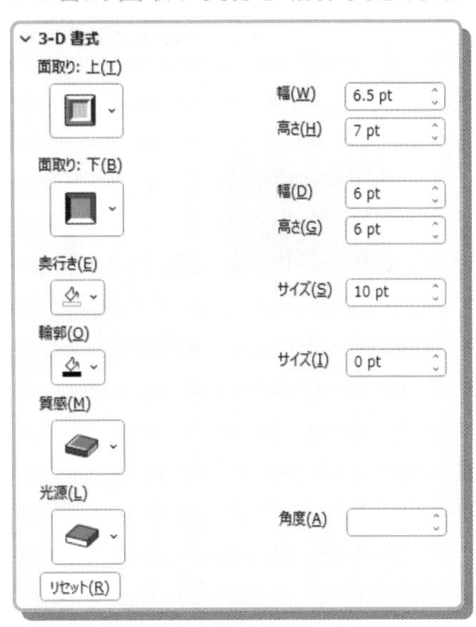

071

画像

「資料のこの部分の画像だけ欲しい！」と言われたら…

スライドに埋め込まれたイメージを書き出して再利用

元画像がないイメージを再利用したい！

パワーポイント内の写真などで、元データがないけれど画像ファイルとして使いたいと思ったことはありませんか？　例えば、「以前の資料のあの画像を使いたい」と思ったり「あの資料のあの画像を、プレスリリースでも使いたい」というように頼まれたりするシーンはよくあります。元画像が残っていればそれを渡すのが一番ですが、すでに画像がないことも…。

そこで便利なのが、スライドに埋め込まれた画像を書き出す方法です。画像を選択してから右クリックし、「図として保存」をクリックしましょう。すると、単体の画像ファイルとして保存することができます。

ただし、写真やイラストの場合、異なる資料では権利的に流用できないこともあるので注意しましょう。

この画像だけ欲しい！と言われたら…

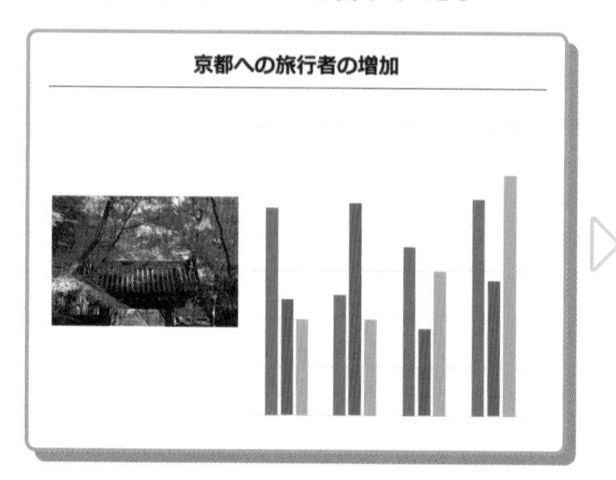

「図として保存」で書き出し

POINT

- パワーポイント上の画像は「図として保存」で単体の画像ファイルとして書き出せる
- 写真だけではなく、図解やグラフも書き出し可能
- 図解などの複数のオブジェクトは、すべて選択して書き出すかグループ化しておく

図解やグラフも画像として書き出せる！

さらに、写真だけではなくパワーポイント上の図解やグラフなどのオブジェクトも、画像として書き出すことができます。図解などで複数のオブジェクトがある場合は、すべて選択した状態で書き出すか、あらかじめグループ化しておきましょう。

編集不可の資料として他部署やクライアントと共有する場合や、ワードなど別形式の書類に画像として貼り付けたい場合、パワポファイルが開けない環境で参照する場合などに使うとよいでしょう。また、197ページのように、プレスリリースなどに図解や複数のイラストを組み合わせた挿絵を入れる際、プレスリリースのパワーポイントファイル上で作業すると煩雑になるので、別のパワーポイントファイルとして作成し、それを画像として貼り付けてもよいです。

オブジェクトも画像として欲しい！

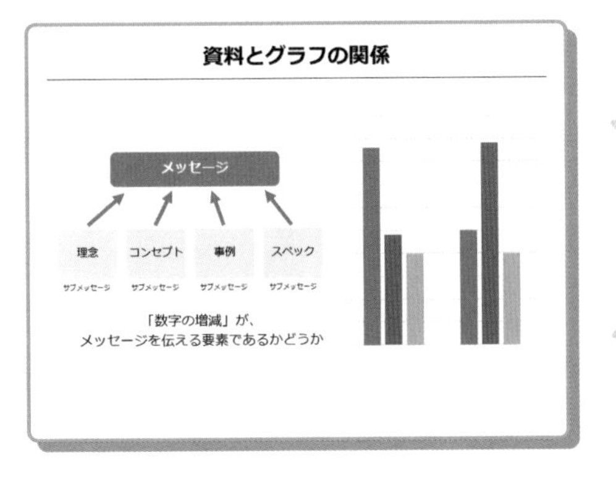

写真同様に「図として保存」で書き出し

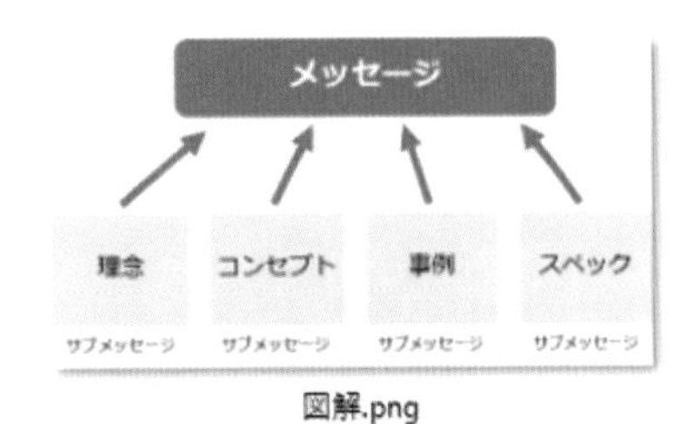

図解.png

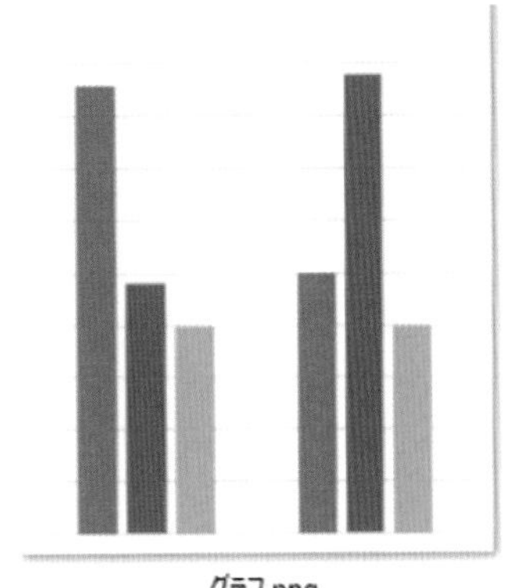

グラフ.png

072

図

もうちょっとこういう図形が欲しいんだけど…

実は作れる！「図形の結合」でオリジナル図形

複数のオブジェクトを組み合わせて加工

パワーポイントにはさまざまな図形がもともと入っていますので、たいていは元から入っている図形で用が足りるでしょう。しかし、時にはプレゼン内容に応じて別の形の図形が必要なこともあります。

そんなときには、「図形の結合」を使い、オブジェクトの組み合わせでオリジナルの図形を作りましょう。「図形の結合」は、結合したいオブジェクトをすべて選択後、「書式」タブ→「図形の結合」をクリックすると、結合方法を選ぶことができます。

結合方法は５種類あり、組み合わせて使うことでかなり複雑な形状も作ることができます。例えば思った通りのアイコン素材が手に入らないといったシーンで便利です。

ただし、当然のことながら、結合した後の図形は分解することはできません。塗りつぶしだけの図形であれば、単なるグループ化でも見た目は変わりませんので、どちらを使うかは事前に検討しておきましょう。

図形を組み合わせてオリジナルの図形に

枠線付きの複雑な形状の図形も作成できます。作例では、枠線を付けた円と角丸の長細い四角形を組み合わせて作成。ベースになる円に複数の棒を重ねて結合した後、４つの小さな円を配置してから型抜きを適用しています

POINT

- 「図形の結合」機能でオブジェクトを組み合わせて図形を自作できる
- 結合方法は「型抜き/合成」「重なり抽出」「接合」「単純型抜き」「切り出し」の5種類
- 塗りつぶしただけの図形なら「グループ化」でも代用可能

「図形の結合」は「図形の書式」タブから選択できます

①型抜き/合成

オブジェクトを合成しつつ、重なった部分は除外されます

②重なり抽出

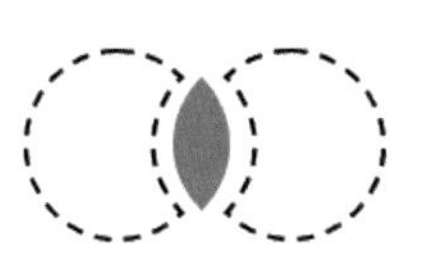

オブジェクトの重なった部分だけを取り出します

③接合

図形を合体させます。自分で思い通りの矢印を作りたい場合などに利用します

④単純型抜き

Shiftキーを押しながら「①ベース②抜く形」の順にオブジェクトを選択して適用します

⑤切り出し

交差した部分とそうでない部分を分けます。ベン図などを作成するときに利用します

グループ化だけでもいい場合も

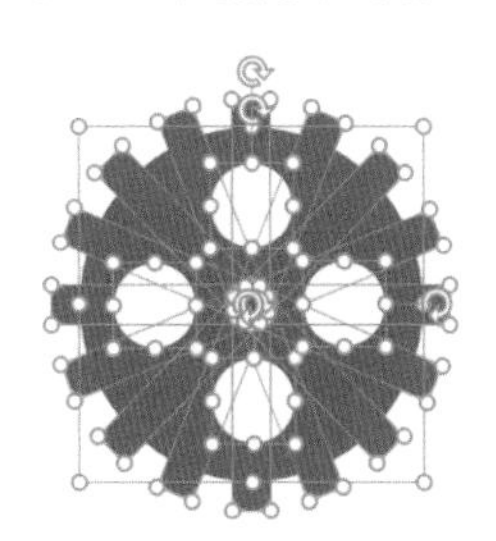

単純な塗りつぶしで構成できる図形の場合は、グループ化だけでも問題ないこともあります。左ページのように枠線を付けたり、または影、テクスチャなどの効果を適用したりするなら、「図形の結合」が必要です

― COLUMN ―

いろいろな図形ツールでオリジナル図形を作ろう！

作って登録すると便利な図形アイデア

図形ツールで自作のオブジェクトを作ってみよう

資料作成を繰り返し行うと、「この図形、前にも作ったな」ということが何度も出てくるでしょう。同じ図形を毎度イチから作るのは時間がもったいないですよね。172ページで述べた通り、1つのスライドに保存しておき、使いたいときにコピペして使うと効率的です。ここでは自作して保存しておくと便利な2つの図形アイデアを紹介します。

感情表現の図形

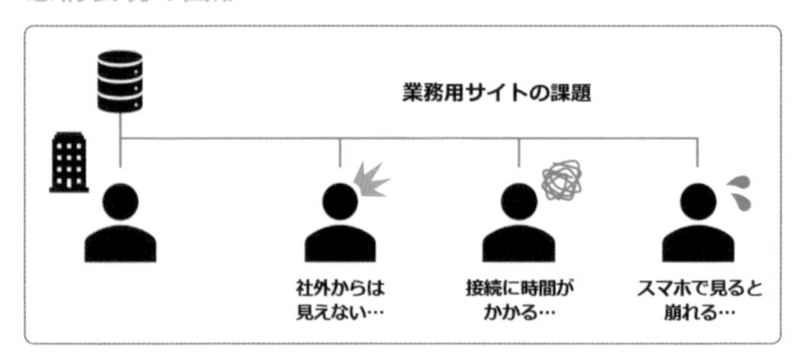

「人物イラストの使い分け」でも触れた人物アイコンですが、構成図で使用するようなシンプルなものでも、場合によって感情を表現したいこともあります。そのようなときのために、簡単な感情表現の追加アイコンを作っておくと便利です

汗

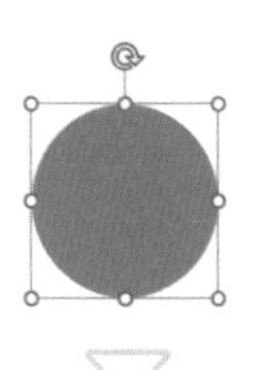

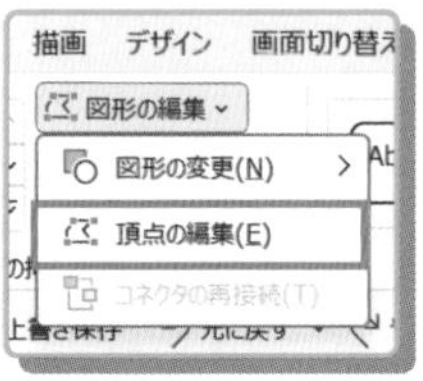

円のオブジェクトを作成し、「図形の書式」メニューから「図形の編集」の「頂点の編集」を選択

頂点の追加(A)
頂点の削除(L)
パスを開く(N)
パスを閉じる(L)
頂点を中心にスムージングする(S)
頂点で線分を伸ばす(R)
✓ 頂点を基準にする(C)
頂点編集の終了(E)

一番上のポイントを選択して上部にドラッグします。次に、右クリックメニューで「頂点を基準にする」を選択。そのあと、一番上のポイントの左右にある□のハンドルをそれぞれ動かして、図形の形を変形します

モヤモヤ

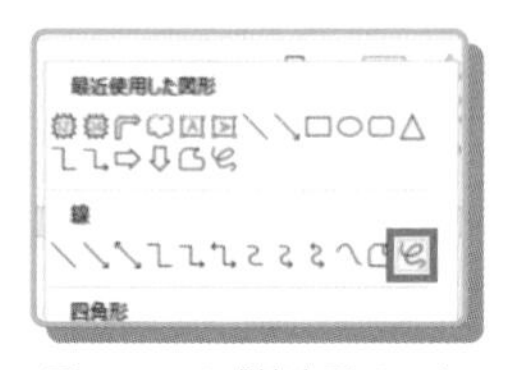

困っている感情表現は、ホームの「図形」→「線」内の描画から「フリーフォーム：フリーハンド」図形で作成

上昇矢印

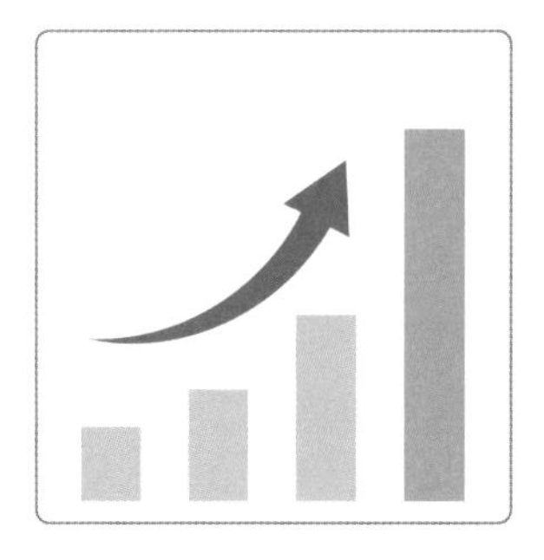

グラフで大きな伸びを表現したい場合によく使う上向きの矢印です。SmartArtにも「上向き矢印」というものがあるのですが、カーブや矢印先端の大きさなどを自由に調節したい場合は、自作するのがオススメ

①円を結合し型抜きを

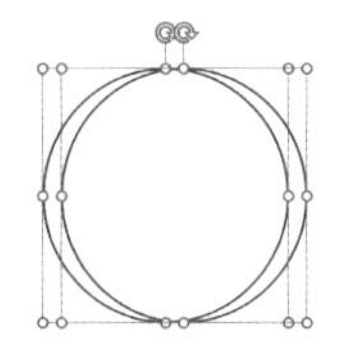

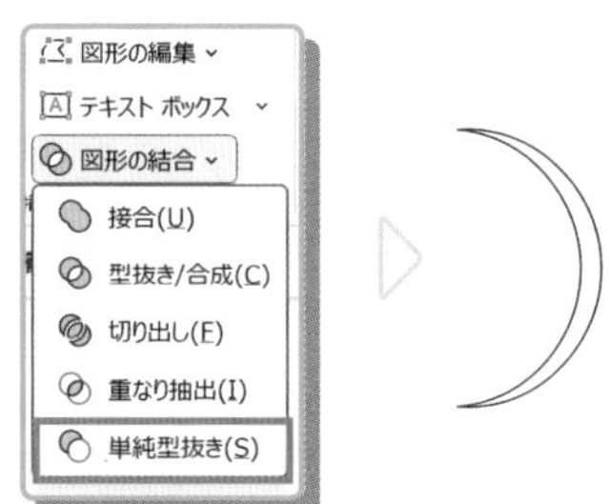

枠線のみの円のオブジェクトを2つ作成し、177ページの「図形の結合」から「単純型抜き」を

②再び型抜き

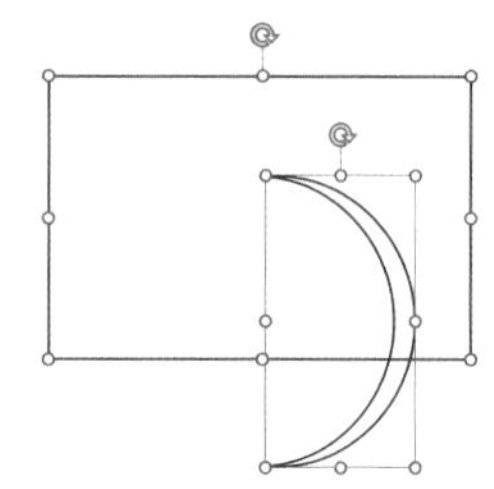

さらに枠線のみの四角のオブジェクトを作成し、再度「単純型抜き」を

③三角と組み合わせて完成

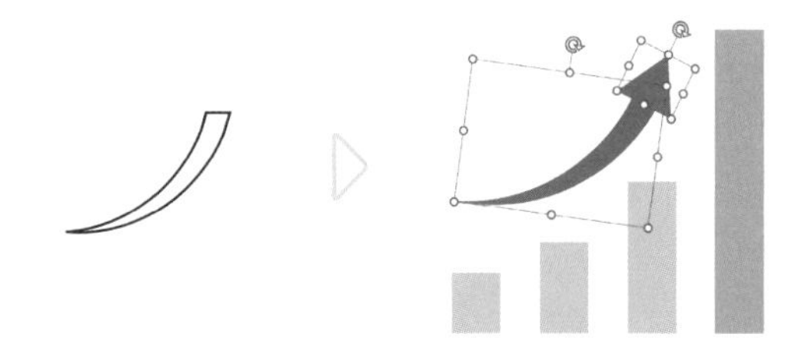

塗りつぶしてから三角形のオブジェクトと組み合わせれば、上昇矢印の完成です。三角形は結合しないほうが、角度を微調整できるので便利です

ベース

もっと効率的にスライドを作りたい

「スライドマスター」でデザインをまとめて作成

「スライドマスター」はデザインをまとめる役割

スライドを作り進めていくと、すべてのページで使う要素や繰り返し使うページの形式が出てきます。それを効率的に管理するのが「スライドマスター」です。

「スライドマスター」とは、書式（デザイン）をあらかじめ設定しておけるスライドで、ここで設定した書式を、通常のスライドに反映できます。つまり、資料全体で共通して使うデザインをまとめる役割があります。

例えば、全ページに共通して入れたいテキスト（コピーライト表示や社外秘表記など）をあらかじめ入れておいたり、表紙、中表紙、本文、図解用の白地ページなど、用途ごとにデザインを決めておいたりすれば、後は通常のスライド作成作業時に呼び出すだけで、デザインをイチから作る必要がありません。

スライドマスターの開き方

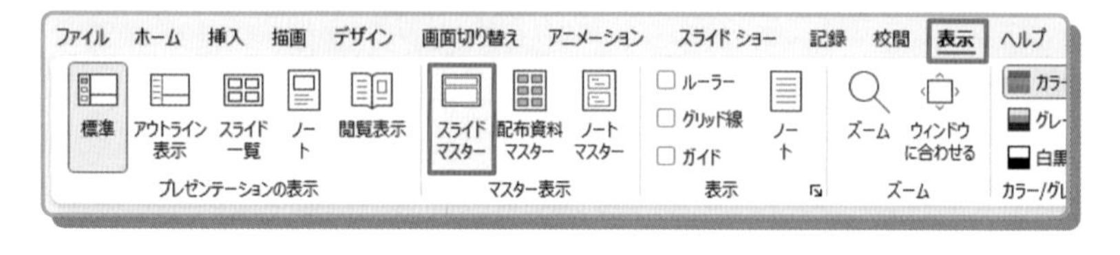

「スライドマスター」は、「表示」タブ→「スライドマスター」の順にクリックすると表示されます。マスター作成後は、「スライドマスター」タブ内の「マスター表示を閉じる」で閉じると、通常のスライド作例画面に戻ります

COLUMN

スライド作成時の使い方

「スライドマスター」で設定したデザインは、通常のスライド作成の際に、ページサムネイル上を右クリック→「レイアウト」の順にクリックし、使用したいマスターを選択すると、スライドに適用できます。

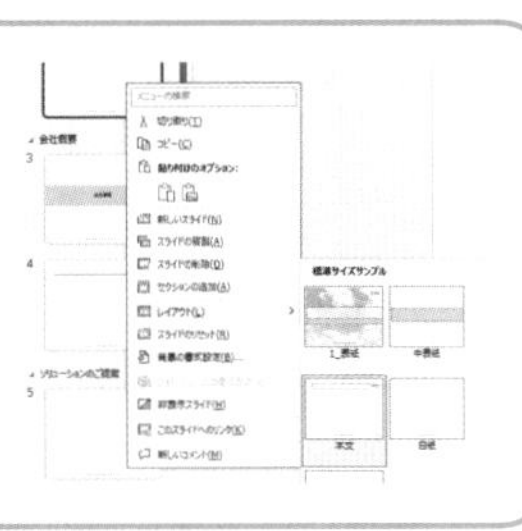

スライドマスターの一例

①スライドマスター

すべてのスライドに適用されるデザインです。ここではコピーライト表記だけ入れています

②表紙

一番最初に表示させるスライドです。表紙からはページ数は削除しています

③中表紙

章の先頭に入れるスライドで、表紙よりやや小さめのタイトルと右下にはページ数を入れました

④本文

タイトル付きの本文スライドです。右上には会社のロゴマークを入れてみました

⑤白地

タイトルなしの本文スライドです。背景に画像を敷いたり、図解を大きく入れる際に使用します

⑥背表紙

最後に表示させるスライドです。会社のロゴマークとキャッチコピーを入れページ数は削除しました

074 ベース

作業中、どのスライドを探していたのかわからなくなった…

スライド枚数が増えたら「セクション」で分類

「セクション」はスライドを入れるフォルダ

スライドが増えてくると、スライドのサムネイルも多くなってきます。すると、作業したいスライドが見つけにくくなったり、どの場所のスライドを探していたのかわからなくなってきたりすることは多いでしょう。

そんなときは「セクション」機能を使って、スライドの構成に応じてスライドをまとめてみましょう。セクションはファイル管理でいうフォルダに相当するもので、複数のスライドを、セクションの中にまとめておけます。

資料の起承転結に応じた構成のセクションを作っておけば、スライドの枚数が増えても、管理が簡単になりますし、後からスライドを見直すときも、資料の概要が把握しやすくなります。

セクションの追加方法

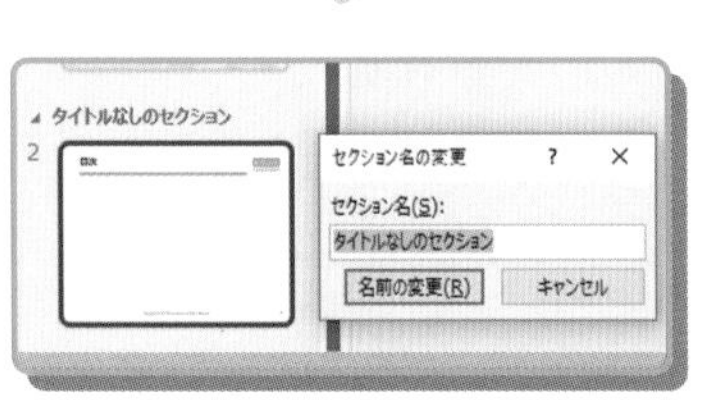

セクションを入れたいサムネイルの間を右クリックして、「セクションの追加」をクリックすると、「タイトルなしのセクション」が追加されます。再度右クリックして「セクション名の変更」をクリックすると、セクション名を変更できます

スライドが増えたら折りたたむ

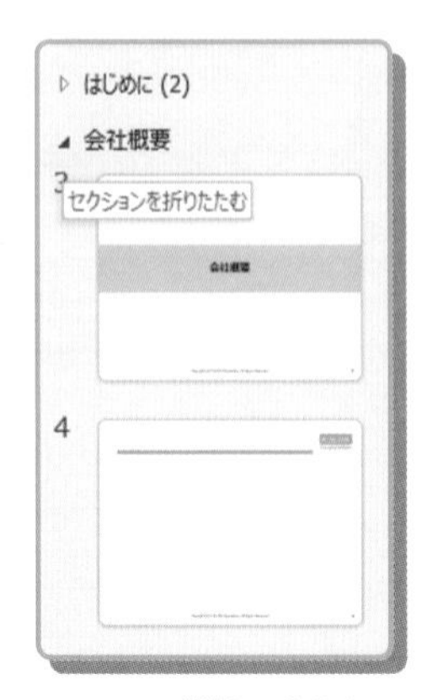

スライドが増えてきたら、セクション名の横の三角をクリックして折りたたむと作業がしやすくなります

セクションは入れ替え可能

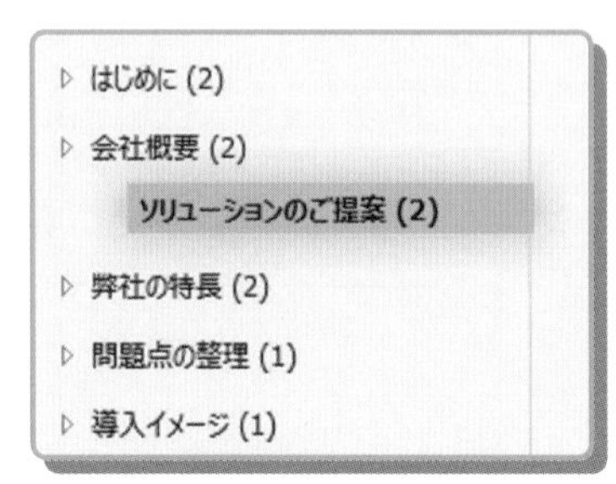

セクションはドラッグ＆ドロップでまとめて入れ替えができます。とりあえずスライドを作成しておいて、後で構成を検討する際も手軽に入れ替えられて便利です

ベース

スライドをまるごとコピーしたら背景や図解が消えてしまった…！

スライドまるごとコピー時は元の書式を残す

コピーしたスライドの背景が真っ白に！

複数の資料を集めて1つのファイルにする際、スライドを別ファイルからコピーしてサムネイルに貼り付けると、背景色や画像が消えてしまうことがあります。単なる装飾であれば消してしまっても構いませんが、重要な図解がまるごとコピーされなかったりすると面倒ですよね。

この現象は、スライドに適用されていた元ファイルの書式が消えてしまったために起こります。168ページと同じように、コピーしたスライドをサムネイルに貼り付ける際、右クリックで「元の書式を保持」を選択しましょう。

特に、大量のスライドを一括でコピー＆ペーストするようなときは気付きにくいので注意が必要です。

背景に色味や画像があるスライド

✕ まっしろ!!

◯ 元の書式を保持すればOK

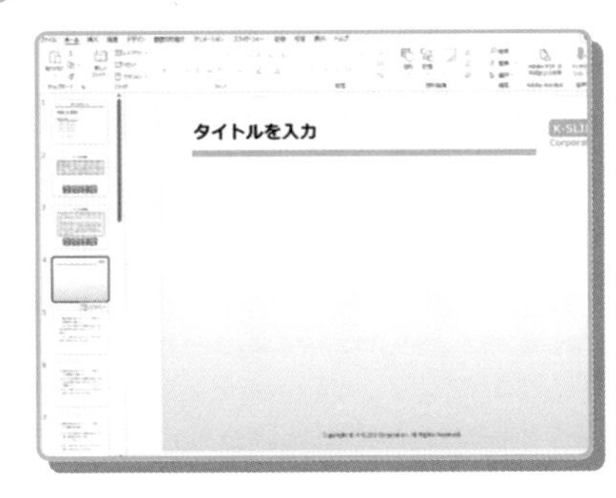

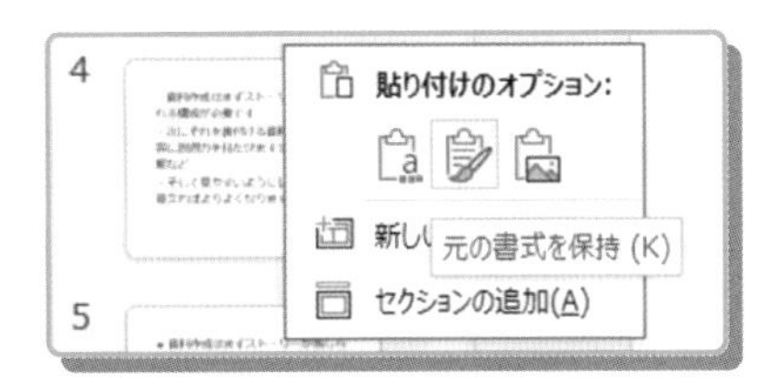

076

ベース

スライドを作った後に縦横比を変えてほしいと言われた❶

「4：3」→「16：9」変更時は画像の縦横比に注意！

4：3→16：9のサイズ変更は意外とスムーズだが…

一度完成したスライドの縦横比率を後から変えたいということや、縦横比率が異なる複数の資料を１つにまとめなくてはいけないというシーンはよくあります。

標準の４：３からワイドの16：９に変更する場合は、基本的に左右の余白が広がるだけなので、割とすんなり移行できます。余白が気になるなら個別に調整しましょう。

ただし、スライド内の画像は横に伸びてしまいます。画像の縦横比を確認しましょう。やり方は、画像を右クリックして、「図の書式設定」を開き、「サイズとプロパティ」→「サイズ」の順にクリックし、「縦横比を固定する」「元のサイズを基準にする」のチェックを確認しましょう。縦横比率を確認し、元のサイズを基準にするか、変換後のサイズを基準にするかを決めましょう。なお、会社のロゴのようにスライドマスターに含まれる画像の場合は、スライドマスターを開いて画像の縦横比を調整しましょう。

サイズの変更方法

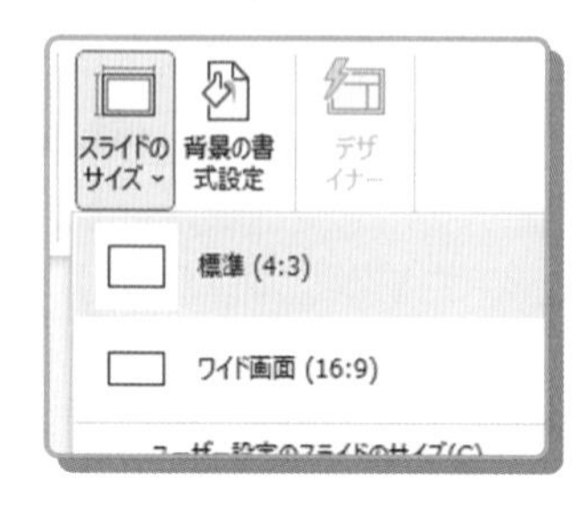

「デザイン」タブの「スライドのサイズ」で切り替えることができます

4：3→16：9にサイズを変更する場合

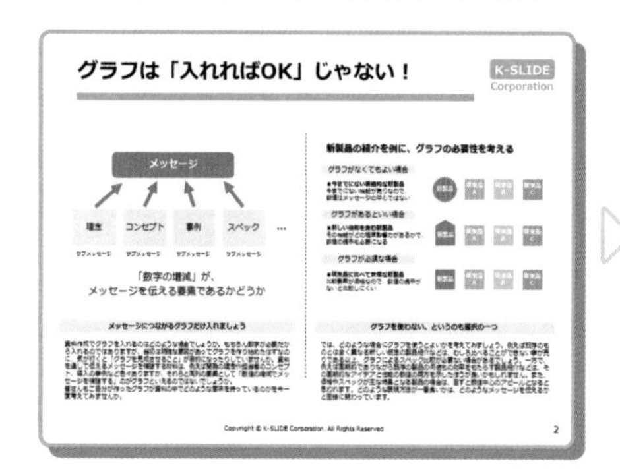

右上のロゴが伸びてしまった！

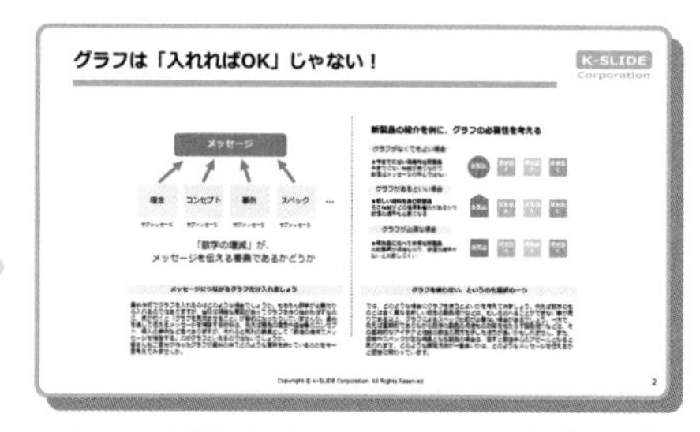

右上のロゴが伸びてしまっているので、画像の縦横比率を調整しましょう

LESSON 6 操作技

POINT

- 4：3から16：9に変更すると、左右の余白が広がるだけなので移行しやすい
- どうしても左右の余白が気になるなら個別にレイアウトを調整しよう
- 画像は横に伸びるので縦横比を設定し直す

伸びてしまった画像は縦横比率を調整しよう

「図の書式設定」から「縦横比を固定する」「元のサイズを基準にする」にチェックを入れましょう

4：3のスライドを16：9のファイルに追加する場合

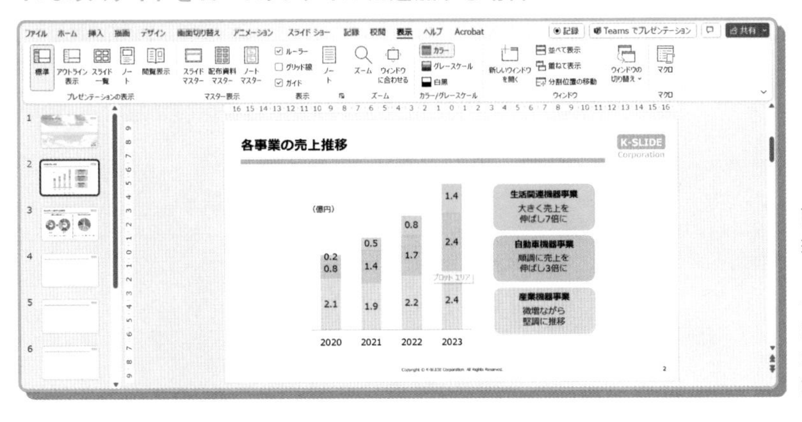

両方のテンプレートデザインが揃っていれば、4：3のスライドを16：9のファイルのサムネイルにドラッグ＆ドロップするだけで収まります。左右の余白が気になるようであれば、適宜調整します

077

ベース

スライドを作った後に縦横比を変えてほしいと言われた❷

「16：9」→「4：3」変更時は「サイズに合わせて調整」する

16：9→4：3は幅が狭まるのでやや面倒

16：9のスライドを開いた状態で、「デザイン」タブの「スライドのサイズ」をクリックし、「標準（4：3）」をクリックすると、オプション画面が表示され、スライドのサイズの調整方法を選べます。このとき、「最大化」を選ぶと、内容が天地いっぱいに最大化されて左右がはみ出てしまいます。一方、「サイズに合わせて調整」を選ぶと、横幅を基準に、内容が左右に収まるため、上下の隙間に応じて内容を微調整するだけなので、やりやすいでしょう。

なお、画像は横幅が短くつぶれるので、184ページ同様の方法で縦横比を調整しましょう。

16：9→4：3にサイズを変更する場合

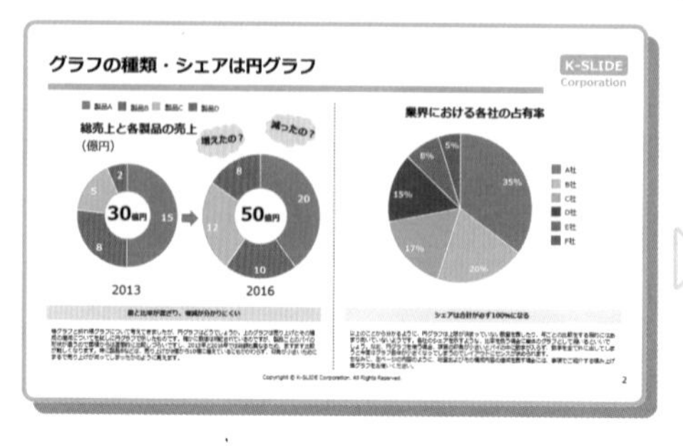

○「サイズに合わせて調整」を選択

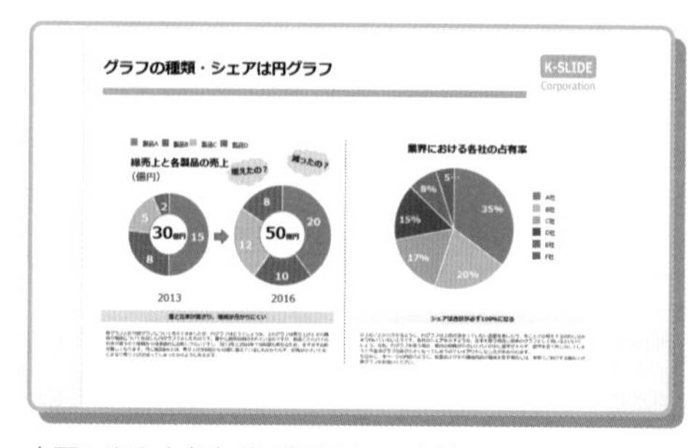

上下にややすきまができるが、一応読める

×「最大化」を選択

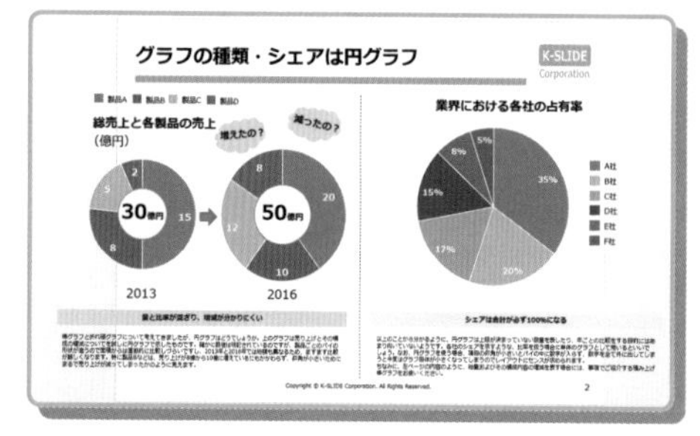

内容が左右にはみ出してしまう！

サイズ変更時のオプション画面

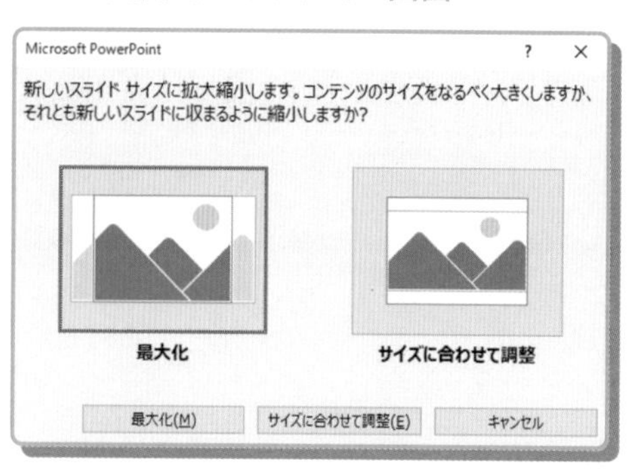

LESSON 6 操作技

POINT

- 16：9から4：3に変更するときは「最大化」「サイズに合わせて調整」が選べる
- 「サイズに合わせて調整」なら左右は収まるので、上下の隙間を微調整する
- 画像は横に短くつぶれるので4：3から16：9に変更するのと同様、縦横比を設定し直す

16：9のスライドを4：3のファイルに追加する場合

4：3のファイルに16：9のスライドを加える場合、スライドのサムネイルからサムネイルへとドラッグ＆ドロップすると、左ページで解説した「サイズに合わせて調整」で縦横比を変更したときと同様、左右が収まるように縮小された状態で追加されます。

ただし、元のスライドの左右に余裕がある場合は最大化された状態で追加したほうが4：3になったときにきれいに収まってよいこともあります。「最大化」の状態で追加したい場合は、ドラッグ＆ドロップではなく、元の4：3のスライド上で、スライドのオブジェクトを全選択してから、16：9の新規スライドにペーストするとよいでしょう。

16：9のスライドを4：3のファイルに追加する場合

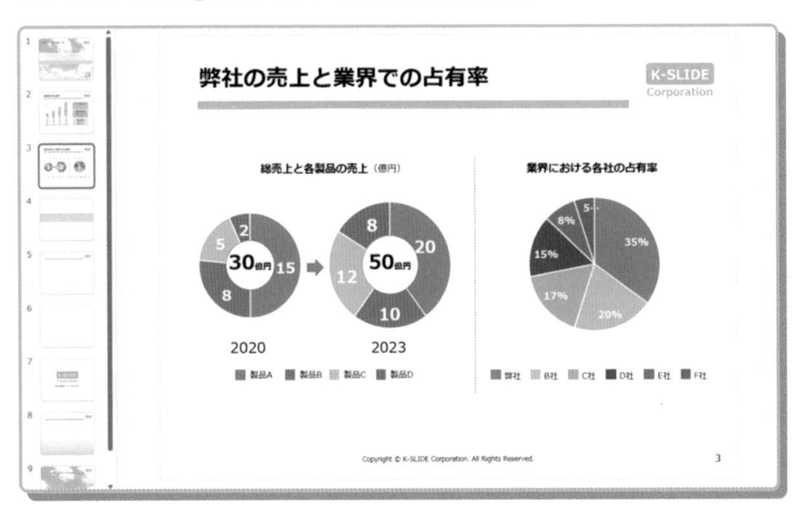

ドラッグ&ドロップで追加すると、16：9のファイルを「サイズに合わせて調整」で4:3に変更したときと同様に左右が縮小されて収まります。「最大化」の状態で追加するなら、元のスライドからコピー&ペーストしましょう

スライドに動きを付けるには？ ❶

動くスライドの基本は「画面切り替え」を活用

アニメ

面倒な設定なしで動きが生まれる！

アニメーションを多用すると、スライド内のオブジェクトを編集したときに設定が解除されたり、思いがけない動きになることも。

「**画面切り替え**」なら、次のスライドの表示方法に動きを付けるだけなので、オブジェクトには設定を行わずに済みます。ただし、派手な切り替えは相手の注意をそぐので、落ち着いた印象の「**フェード**」がオススメです。また、無意味に複数の切り替えパターンを多用するのも避けましょう。

動きを付けたいときはまずは画面切り替えで対応できないか検討し、難しい場合のみオブジェクトにアニメーションを付けると効率的です。

画面切り替えの設定方法

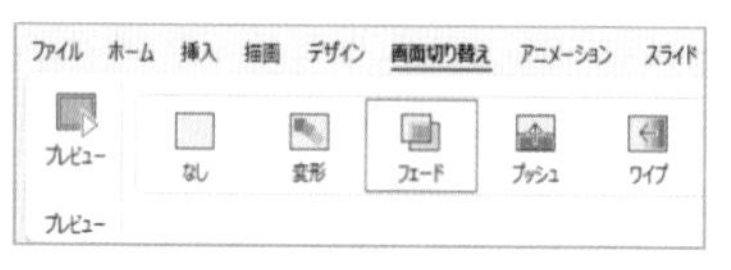

画面切り替えをしたいスライドを選択した状態で「画面切り替え」タブをクリックすると、切り替え方法を選択できます

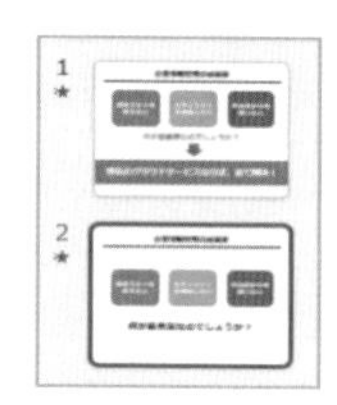

画面切り替えを設定したスライドは、プレビューに星マークが付きます

徐々に画面が切り替わる「フェード」

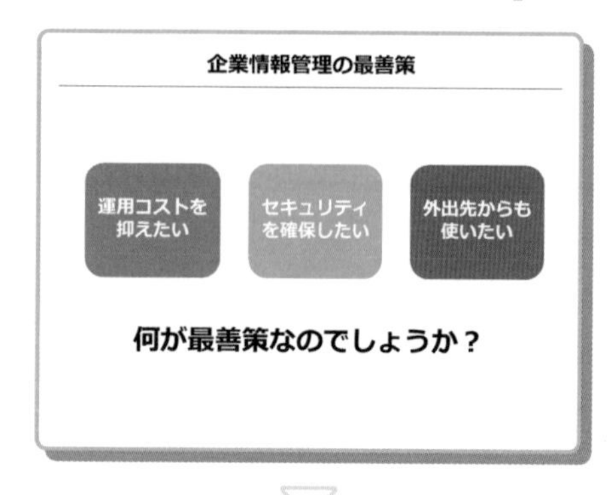

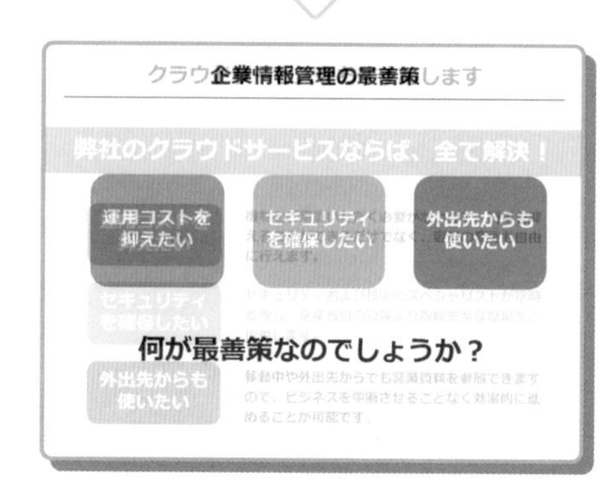

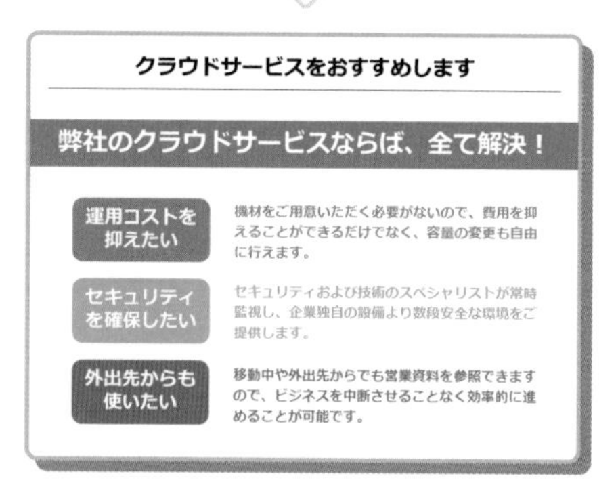

アニメ

スライドに動きを付けるには？ ❷

「1スライドで流れを示す」がアニメ効果の使い時

注意を引き付け、考える「間」を提供

「画面切り替え」ではなくアニメーションを使ったほうがよい場合ももちろんあります。例えば、下の例のように質問と答えが１つのスライドにセットになっている場合、スライドを表示すると同時に、質問と答えが一緒に表示されてしまうので、答えの印象が強く残りません。

このようなときは、答えにアニメーション設定を行い、後から表示させるようにしましょう。「質問→答え」の流れが明確になる上、話し手が質問で「間」を置くことで、聞き手が主体的に答えを考える時間ができるのでより理解が深まるでしょう。

✕ アニメーションなし

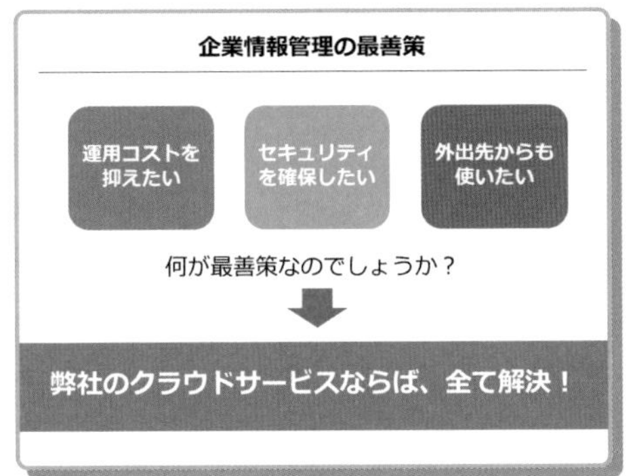

質問と答えが同時に出てしまうのはインパクトがない…

◯ 「質問→答え」の流れで理解が深まる

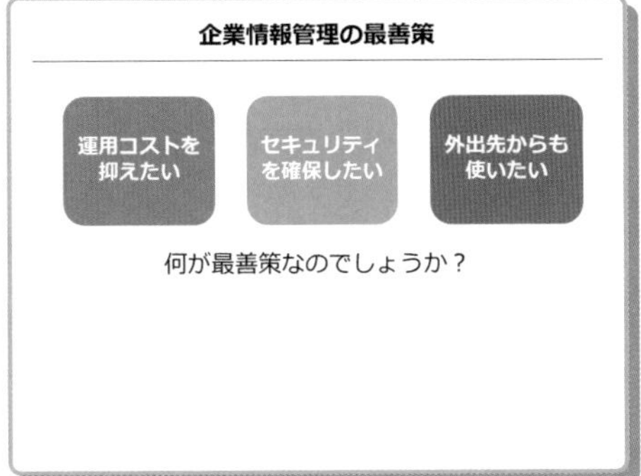

聞き手に注意を促し、「答えは何だろう？」と考えさせる

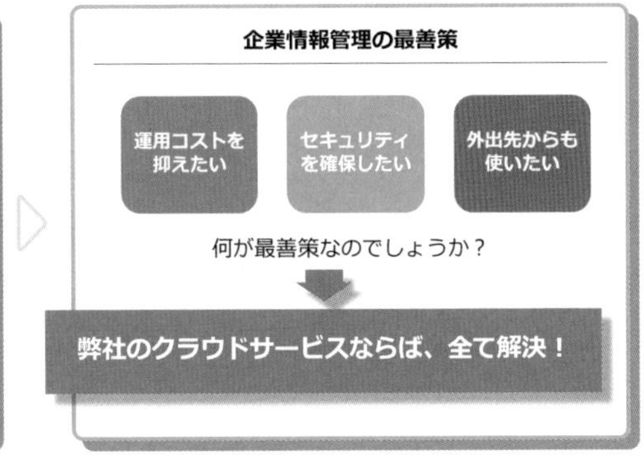

考えた後で答えを見ることで「なるほど！」と納得

アニメ

オブジェクトがたくさんあるとアニメーションを付けづらい

同時に動かすオブジェクトは「グループ化」ですっきり設定

アニメーションを効率よく設定

同時に動かすオブジェクトがそれぞれ独立したままだと、設定項目が多すぎてどれが連動しているのかわかりにくくなります。そこで、先にグループ化してからアニメーションを設定すると、設定がすっきりします。グループ内の文字や図形を編集する場合も、グループ化したオブジェクトを２回クリックすれば、グループを解除せずに個々の文字や図形の編集が可能です。

✕ 設定がごちゃごちゃして管理しにくい…

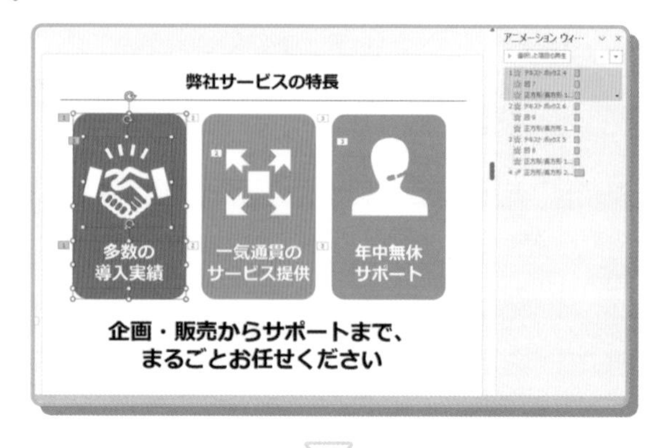

○「グループ化」ですっきり設定！

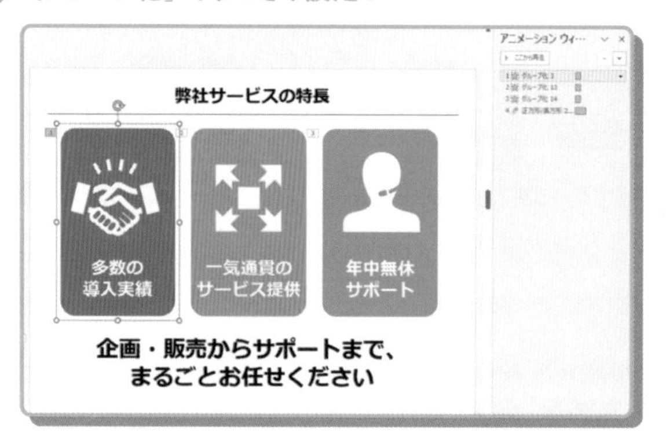

アニメ

アニメーション部分を印刷するときれいな見た目にならない

「あれ、下の内容が読めない！」アニメ効果印刷時の罠を防ぐ

動かす部分は印刷を考慮して配置しよう

アニメーションを設定した資料を配布用として印刷する場合は、１枚のスライド上で、最初に表示する要素の上にアニメーションを付けた要素を重ねて配置すると、印刷時は、アニメーションで表示された一番上の要素の下に、他のオブジェクトが隠れてしまいます。

そこで、すべてのアニメーションが完了した時点で完成形の見た目になるよう配置しておくと、印刷時のトラブルが避けられます。

もしくは、アニメーションで表示する要素の重要度が高いなら、いっそ２枚に分けて「画面切り替え」で表示するのもよいでしょう。

✕ 印刷すると下の内容が隠れる

○ アニメ完了時点で完成形の見た目に

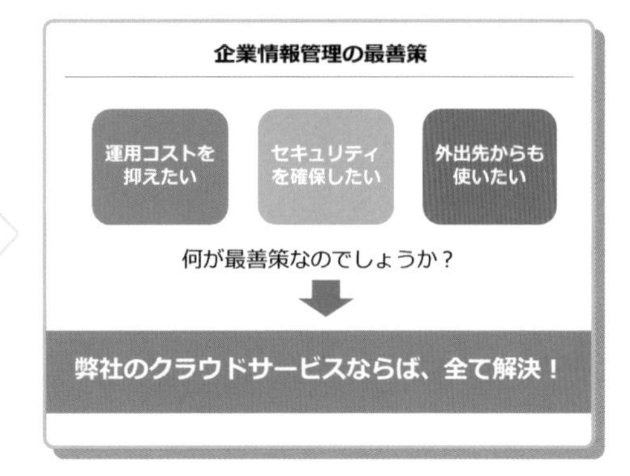

重要度に応じて2枚に分けるのも手

頻繁に使う色だけすぐに使えるようにしておきたい！

お手製カラーパレットでよく使う色は即効コピー

小ワザ

スライドの配色管理を効率よく！

資料作成で、コーポレートカラーや自社独自サービスのイメージカラーなど、専用の色を使いたいことはよくあります。こういったとき、スライドマスターを開き、「配色」→「色のカスタマイズ」の順にクリックすると、パワーポイントによく使う色を登録できるのですが、色の指定が大変だったり、他の人との共有が面倒だったりとなかなか難しいものです。

オススメなのが、**スライドマスターの枠外に、普通のオブジェクトとしてカラーパレットを作成する方法**。要は、よく使う色で作ったオブジェクトを枠外に用意しておくということです。必要なときに、**スポイトツールですぐに色をコピー**できます。

また、単なるオブジェクトなので、テキストでコメントを付けて分類しておくなどのカスタマイズもできるので便利です。

スライドマスター上に配置しておけば、スライドマスターを閉じてどのスライドを編集していても表示されますし、編集時に誤って消すことも避けられます。また、上映やプリントアウト、PDF化する際も表示されないので便利です。

スライドマスターの枠外にカラーパレットを設置

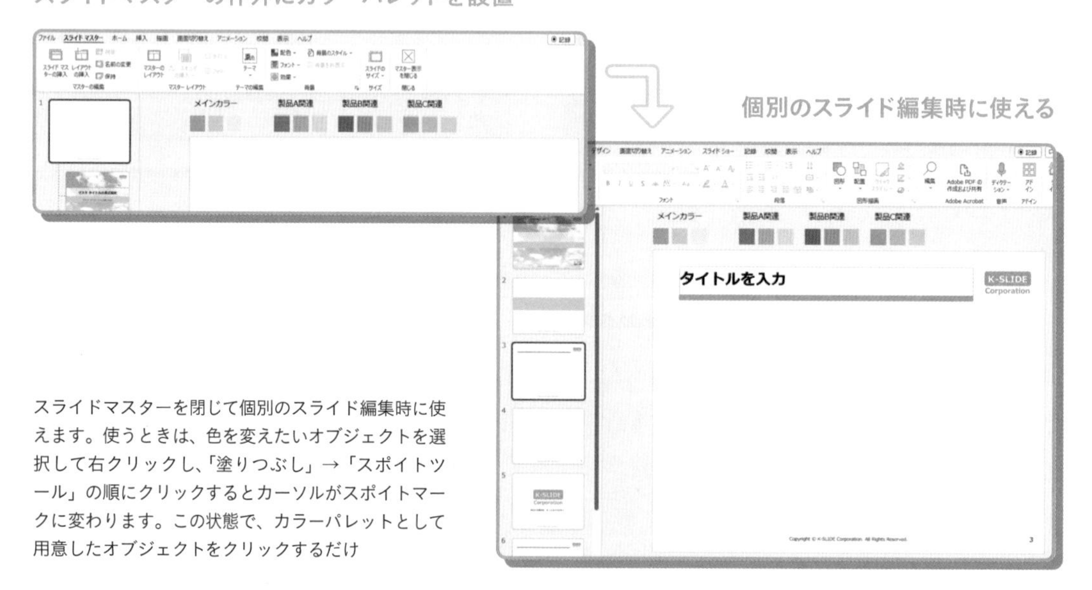

スライドマスターを閉じて個別のスライド編集時に使えます。使うときは、色を変えたいオブジェクトを選択して右クリックし、「塗りつぶし」→「スポイトツール」の順にクリックするとカーソルがスポイトマークに変わります。この状態で、カラーパレットとして用意したオブジェクトをクリックするだけ

作った資料のファイルを管理する方法

ファイルは中身を「見える化」！すいすい探せてラクラク管理

小ワザ

エクスプローラーで探しやすくなる

パワーポイントの資料をエクスプローラーで探す際、ファイルの内容がサムネイルとして表示されるものや、単にパワーポイントのアイコンが表示されるだけのものが混在していませんか？　できればすべてのファイルの内容が見えるほうが、管理しやすいですよね。

そこで、パワーポイントのファイルを開いた状態で、「ファイル」タブ→「情報」→「プロパティ」→「詳細プロパティ」の順にクリックし、「ファイルの概要」タブの「プレビューの図を保存する」にチェックを入れてファイルを保存し直すと、エクスプローラーでサムネイルが表示されます。ファイル保存時、必ずチェックを入れるとよいでしょう。

✕ ファイルが探しにくいが…

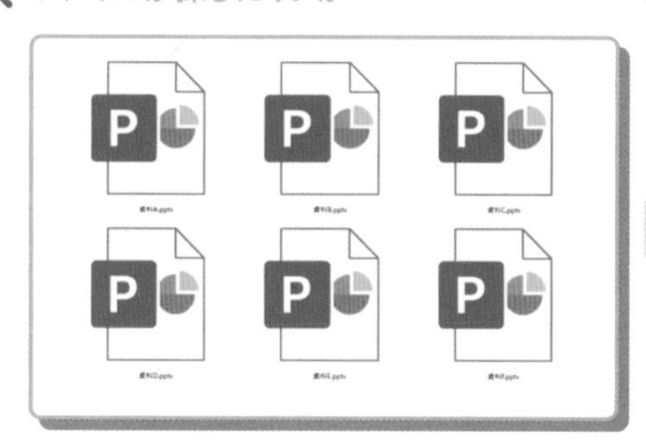

◯ 中身が見えて探しやすい！

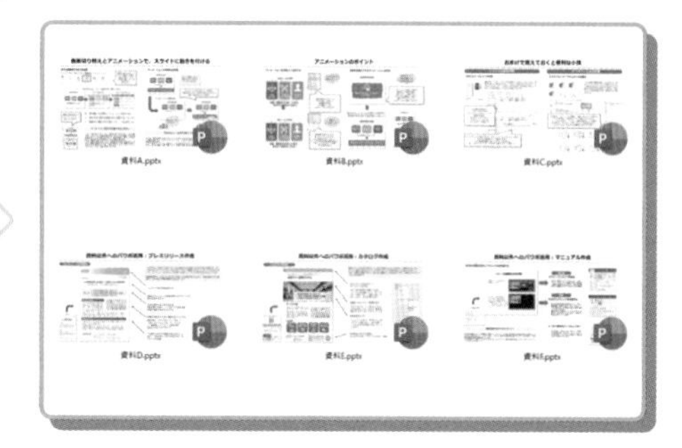

ファイルのプロパティから設定できる

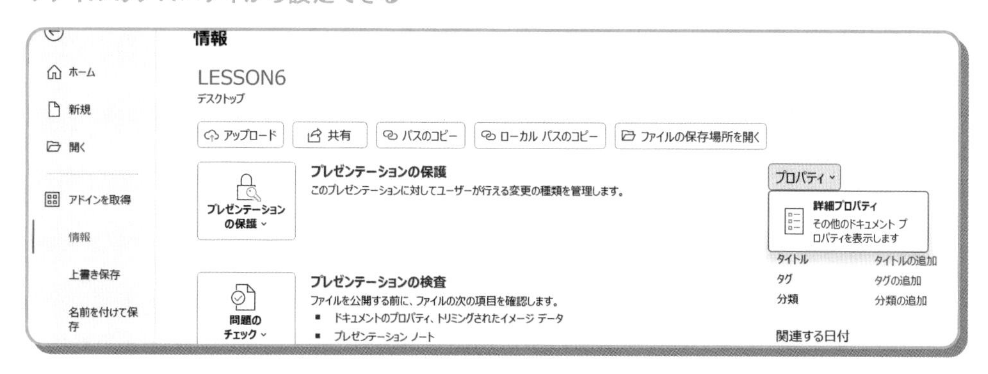

— COLUMN —

資料をカッコよくしたい気持ちはわかるけど…

相手が一人で読んでも伝わる資料にしよう

ドラマチックさも重要だが、わかりやすさはより重要

「キャッチコピー1行でカッコイイ提案資料を作ってほしい」と依頼されたことがありますが、提案資料をドラマチックな展開にしようと思うと、表現が抽象的になりやすいものです。デザインの細部にこだわることは決して悪いことではありませんが、内容はより具体的なものになるよう心がけましょう。

例えば講演のように、確実に説明を行える場面であれば、講演に聴衆を惹きつけるためにドラマチックさが求められることもあるとは思いますが、提案資料は必ず口頭での説明ができる状況ばかりとは限りません。例えばプレゼンの場に参加できなかった人が、後日、一人で資料を読むこともあります。資料作成では、説明がなくても内容が十分に理解できる資料を目指すことが大切です。

✕ カッコイイ意気込みは伝わるが何を提案したいのかわからない

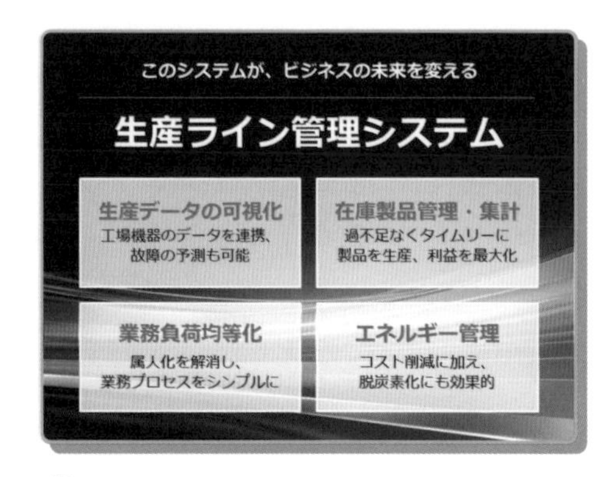

○ 担当者の説明がなくても、内容がひと通り理解できる

LESSON 7

パワポで作れるビジネス資料&動画アイデア

084

実践

関心を引くプレスリリースを作成したい

ポイントがすぐにつかめるプレスリリース

BEFORE

そもそも読んでもらえないかも…

K-SLIDE
Corporation

報道関係者各位

2023年04月10日
K-スライド株式会社

人工知能を利用した
生産ライン管理システムを提供開始
使えば使うほど、さらに効率的で環境にやさしく

サービスの概要

K-スライド株式会社は、2023年04月10日より、人工知能を利用した生産ライン管理システムの提供を開始いたします。これは、工場の生産ラインに関連する様々なデータを人工知能が分析することにより、生産性の向上や適切な在庫管理に加え、労働時間や生産時のCO_2排出量までを最適に管理・運用するためのサービスです。

導入のメリット

工場の生産ラインで日々記録される膨大なデータを高速・高度な分析で可視化し、ビジネスに活用します。
在庫管理の最適化により売上が平均で10%アップするだけでなく、最適な人員配置の管理で残業時間を10%削減し、生産時のCO_2排出量も20%カットするなど、従業員の生活向上や地球環境の保護にも貢献します。

お問い合わせ窓口 K-スライド株式会社　管理本部 広報室
担当：岸
TEL:xx-xxxx-xxxx　e-mail:xxx@xxxx.co.jp

概要がつかみにくい上に、文字だらけなのでニュースの内容がイメージしにくい

忙しい報道関係者には読んでもらえない&一般の人にも読みにくくて不親切

LESSON 7 応用

ポイント

パワーポイントでは、本来のプレゼンテーション資料以外にもさまざまなものが作成できます。その一例がプレスリリースです。プレゼンテーションが顧客に向けたメッセージであるのに対して、プレスリリースはメディアを通して社会にメッセージを伝えるためのツールです。報道関係者や、さらには一般の方々が読んでも理解が得られるよう、内容を損なわない範囲で、できる限り平易な表現を心がけましょう。

NG例は文字ばかりで内容が直感的に伝わらないため、興味を持ってもらいづらくなります。また、タイトルも長すぎるので、読んでもらえない可能性大。

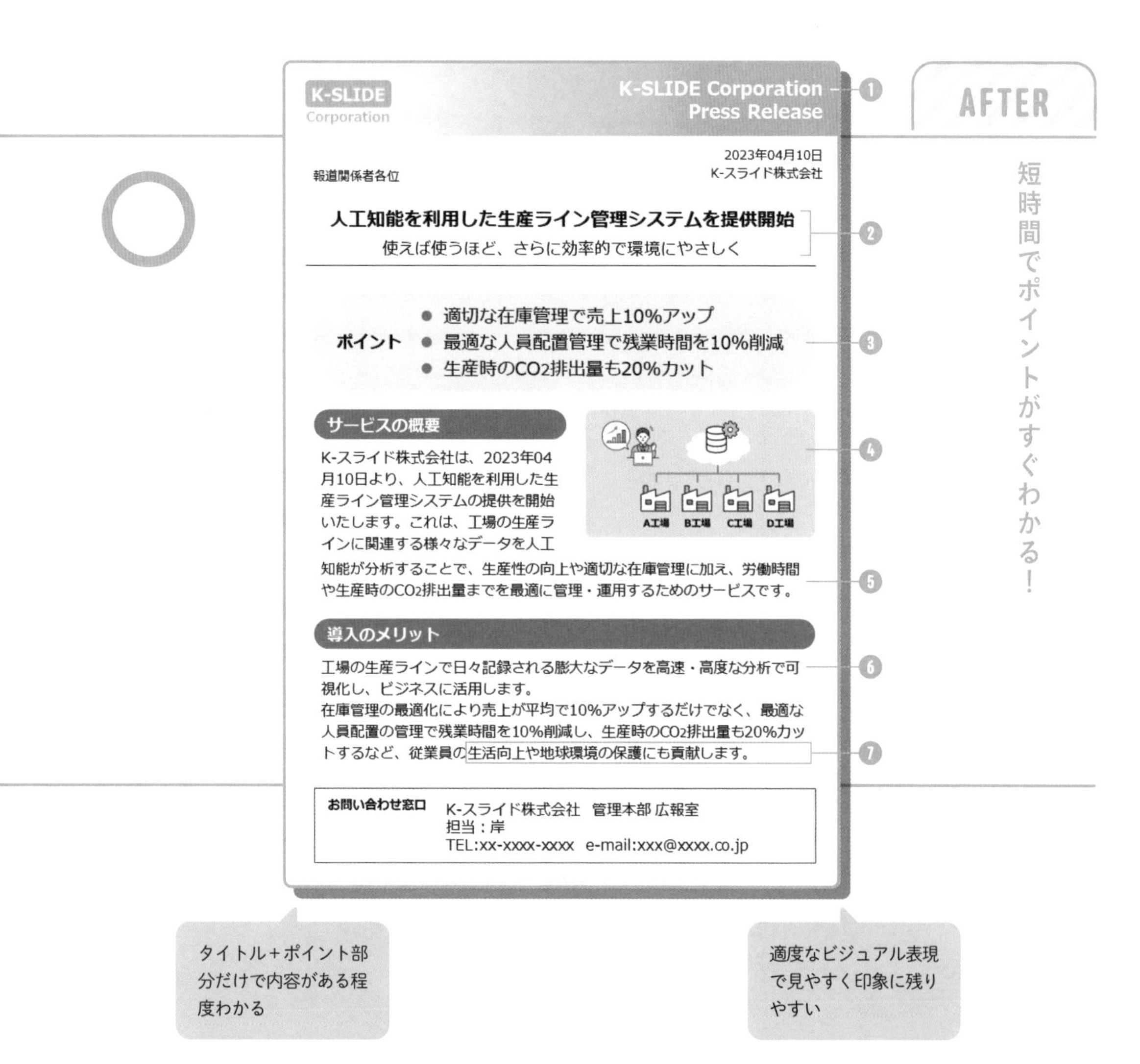

- ヘッダー（①）で社名を印象付けましょう。
- タイトル部分（②）は簡潔なタイトル＋具体性を補うサブタイトルで構成すると関心を引き付けやすくなります。
- 本文の前に、本文の概要（③）を箇条書きで列挙し、ここまで読んだだけでもある程度内容がわかるようにします。
- 画像や挿絵（④）を入れると理解度がアップします。挿絵の場合、パワーポイントで別ファイルで作成し、リリースには「貼り付けオプション」の「図」でペーストすると編集しやすいです。
- 概要の説明（⑤）だけではなく、それによる効果やメリット（⑥）も入れましょう。
- 「企業にどれだけ利益をもたらすか」に加え、世の中にどれだけ役立つか（⑦）のアピールも重要です。

085

実践

簡単なカタログが自分で作れると便利なんだけど…

統一感のある見た目のサービスカタログ

BEFORE

ごちゃごちゃ感が否めない…

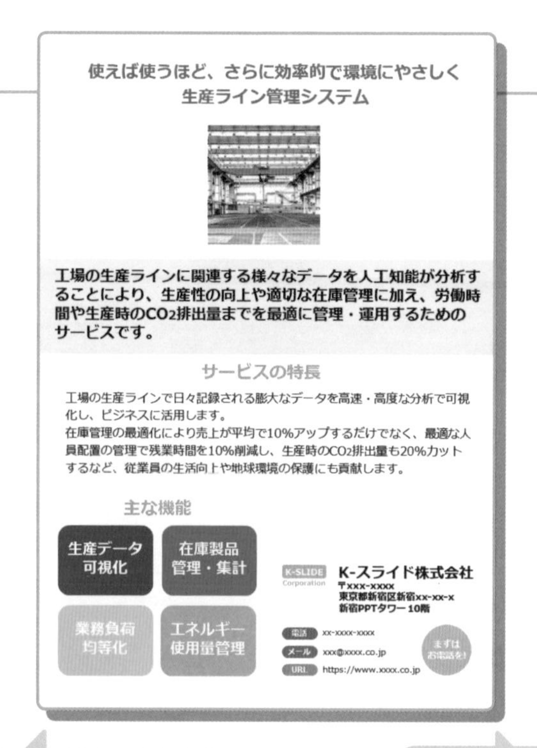

どれがタイトルでどれが概要なのか、レイアウトが整理されておらずわかりにくい…

文章が長すぎて読みにくい

ポイント

製品やサービスのカタログも、パワーポイントで作成することができます。印刷を行う出力センターも、OfficeファイルやPDFファイルで入稿する場所もたくさんあります。また、会社内で印刷するようであれば、顧客ごとに社名を入れたり、内容をカスタマイズすることも可能です。

NG例は、写真が小さくあまりイメージがわきません。また、色も統一感がなく、見栄えがよくありません。タイトルや概要部分の文章やレイアウトも整理されておらず、読みにくく感じます。

AFTER

統一感のある見た目&要点も整理！

青を基調に、青の濃淡で色分けされているので見栄えがよく、重要度もわかりやすい

上半分を見ただけで、何のカタログなのかが大体わかる

- まずはスライドマスターで、カテゴリごとに色分け（❶）したテンプレートを作成しましょう。また、１つ１つ編集しない統一部分（ヘッダーや会社情報など）は、スライドマスターで作成しておくと、間違って消すこともなく、見た目の統一感が保たれます。
- 画像（❷）を入れてイメージを喚起しましょう。テキストだけでは、パッと見ただけではなかなか内容が頭に入らないものです。象徴的な画像を入れて、何のカタログなのかをアピールしましょう。
- 特長を箇条書き（❸）などで端的に示しましょう。プレスリリースと同じで、読み手はじっと読んでくれるとは限りません。上半分を見たくらいで、大体の内容が理解できるようにしたいものです。
- 連絡先は、カタログの内容部分とはっきり分けたレイアウトで見やすく掲載しましょう。

実践

社内や顧客向けにわかりやすいマニュアルを作りたい

誰でも迷わず使えるマニュアル作成

BEFORE

手順をイメージしにくい

リリース用画像の作成手順

1. 画像編集ソフトで元画像を開き、色調補正を行います。

2. TOPバナー（400px×300px）
サムネイル用（120px×90px）
記事ページ用（520px×390px）
に3種類のリサイズを行い、それぞれファイル名の末尾に「_b」、「_t」、「_p」をつけてjpeg形式で保存してください。

3. サーバーの「リリース用画像」＞「西暦_月」フォルダ内に、
画像ファイルを格納します。
元データも同じフォルダ内にあわせて保存してください。

4. 「リリース用画像」フォルダ直下の管理台帳.xlsxに、画像作成の日時を記入します。

内容としては正しいが、もともと使い方を知らない人だとちょっとイメージしにくい

ポイント

社内で共有したい業務マニュアルや顧客向けの操作マニュアルなど、PCやソフトのマニュアルの使い方を、資料として簡潔にまとめたいというシーンはあるものです。パワーポイントの「挿入」タブには、操作中の画面を静止画でキャプチャする機能や、操作の様子を動画で記録する機能が入っているので、これらを活用するとわかりやすいマニュアルを作ることができます。操作方法などは、文章だけではなかなか伝わらないものですので、実物の画像や写真、映像を駆使して、わかりやすいドキュメントになるよう心がけましょう。NG例は、文字しかないので実際にどんな手順なのかがわかりにくいです。

AFTER

実際の操作画面と動画で直感的に呑み込みやすい

リリース用画像の作成手順

1. 画像編集ソフトで元画像を開き、色調補正を行います。

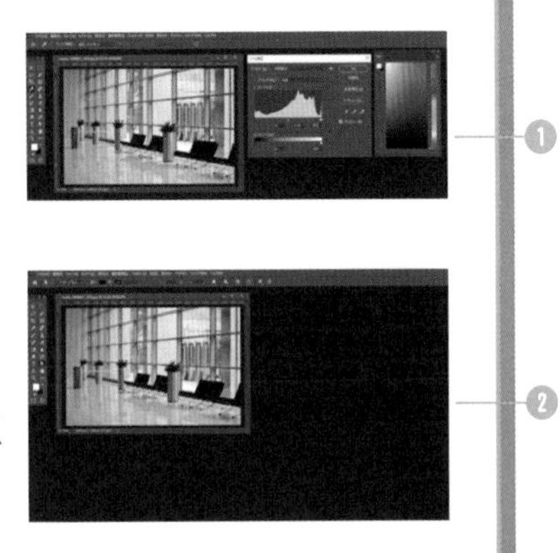

2. TOPバナー（400px×300px）
サムネイル用（120px×90px）
記事ページ用（520px×390px）
に3種類のリサイズを行い、それぞれファイル名の末尾に「_b」、「_t」、「_p」をつけてjpeg形式で保存してください。

❶

❷

実際の操作画面が入ることで、何をどうすればいいのかわかりやすくなった

動画が入ると、その動画の通りに操作すればいいだけでさらにわかりやすい

ここをCHECK!

●PCの操作方法などの場合は、実際の操作画面（❶）を入れましょう。操作中の画面を撮るには、「挿入」タブから「スクリーンショット」をクリックすると、取得可能な画面の候補が表示されます。どれかを選択すると、スライド上に撮影した画面の画像が挿入されます。このとき、「画面の領域」をクリックすると、手動で範囲選択をして画面を撮ることもできます。

●動画（❷）で見せたい場合は、操作中の画面から動画で取得しましょう。「挿入」タブ→「メディア」→「画面録画」の順にクリックすると、小さなウィンドウが表示され、動画の取得範囲の選択や撮影の開始が行えます。撮影を終えると動画がスライドに貼り付けられますが、後からトリミングを行い、前後の不要な部分をカットできます。

●表や枠組み、矢印などのよく使うパーツをまとめてコピペして使えるファイルを用意すると、マニュアルごとの統一感を保つことができ、違う人が作成しても見た目のばらつきがなくなります。

本文テキスト
テキストテキストテキストテキストテキストテキストテキストテキストテキストテキストテキストテキスト

良い例・悪い例
良い例
悪い例

リスト表記
- 項目01
- 項目02
- 項目03

1. 項目01
2. 項目02
3. 項目03

A) 項目01
B) 項目02
C) 項目03

矢印

表組み

	項目01	項目02	項目03
要素01			
要素02			
要素03			
要素04			

087 実践

イベントなどで流す簡単な動画を作りたい

会社・サービス紹介などの動画を簡単作成

「ダイナミックコンテンツ」で簡単に動画作成！

企業のイベントなど、開場までの間にちょっとした動画を流したいということがあります。そのようなとき、サービス紹介やプレスリリースなどの情報をループで上映するような動画であれば、パワーポイントを使って作成することができます。

オススメなのが、「画面切り替え」の中にある「ダイナミックコンテンツ」という機能。背景画像を設定したスライドに「ダイナミックコンテンツ」を設定するだけで、背景は固定された状態のまま、中のオブジェクトだけが大きく動くプレゼンテーションになり、派手な動きを簡単な設定で作成できます。

背景の画像は、例えばクラウドサービスの説明だから雲の画像にするなど、内容に合わせた背景にするといいでしょう。

背景固定で中身だけ動く

COLUMN

背景の設定方法

スライドの背景は、スライドを右クリックしてから「背景の書式設定」→「塗りつぶし（単色）」または「塗りつぶし（図またはテクスチャ）」で設定します。作例のように写真をスライドいっぱいに敷いて背景にするなら、「塗りつぶし（図またはテクスチャ）」→「挿入する」で写真を挿入しましょう。「すべてに適用」を押すと、全スライドに同じ背景が適用されます。イメージに合う背景で完成度を高めましょう。

ダイナミックコンテンツの設定方法

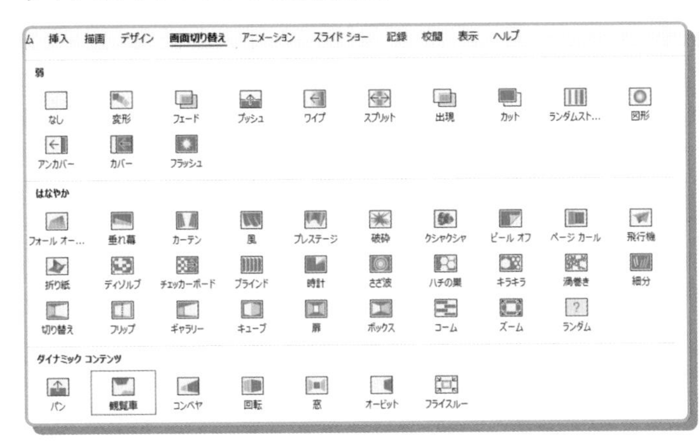

「画面切り替え」タブから候補をすべて表示すると、一番下に「ダイナミックコンテンツ」の効果が表示されます。「観覧車」は、スライドの中身が端から円運動で中央に現れ、また端へ消える大きな動きが特徴です

音楽や音声も埋め込み可能

「挿入」タブ→「メディア」→「オーディオ」を選択すると、オーディオのファイルを連動して再生させることができます。「オーディオの録音」も選択できるので、ナレーションを入れることも可能です

そのままループ再生

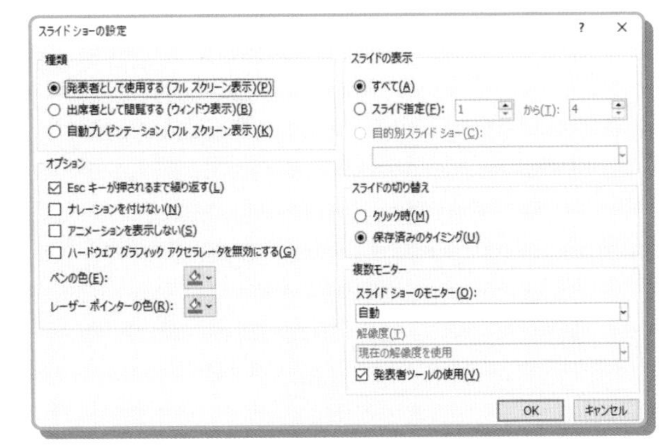

作成したプレゼンテーションは、動画ファイル（MPEG-4ビデオ形式）として書き出すこともできますし、パワーポイントファイルのまま再生も可能です。後者の場合は、「スライドショー」タブの「スライドショーの設定」で、「Escキーが押されるまで繰り返す」にチェックを入れておくと、ループ再生されます

— COLUMN —

アイコンや写真を探すのに便利なサイトは?

資料作成で使える! 便利な素材・ツール

❶ iconmonstr シンプルな単色アイコンで資料をわかりやすく

モノクロのアイコン（ピクトグラム）がダウンロードできるサイトです。初期設定は黒一色ですが、ダウンロードの際の設定で、色変更が可能です。背景も、透過をはじめ正方形や円などの図形が入ったものなど、さまざまな調整が行えます。コンピュータ関連を中心に、ビジネスで活用できるジャンルのアイコンが多数あります。

» https://iconmonstr.com/

弊社サービスの特長

多数の導入実績

一気通貫のサービス提供

年中無休サポート

企画・販売からサポートまで、まるごとお任せください

❷ ソトスコ シンプルでおしゃれな、線画のイラスト素材

線画のさまざまなイラストがある素材サイトです。フォーマルさと親しみやすさを絶妙なバランスで兼ね備えているので、顧客向け提案資料でも社内向け資料でも活用。イラストの色数が控えめなことから、雑多な印象にならず使いやすいです。なお、配色を一部編集した素材もダウンロードできます。

» https://soco-st.com/

弊社 委託販売のメリット

休日も受け付け対応のサポート体制

売上データを分析したレポートを作成

午後3時までの注文は当日発送

POINT

各サイトの利用規約を必ず確認

このページで紹介しているサイトは基本的にはどれも無料で利用可能です。ただし、素材によっては利用条件があるなど、すべてが自由というわけではありません。利用方法などについては、サイトごとに利用規約があるので、必ずそちらを確認してから使用しましょう。

» https://pixabay.com/ja/

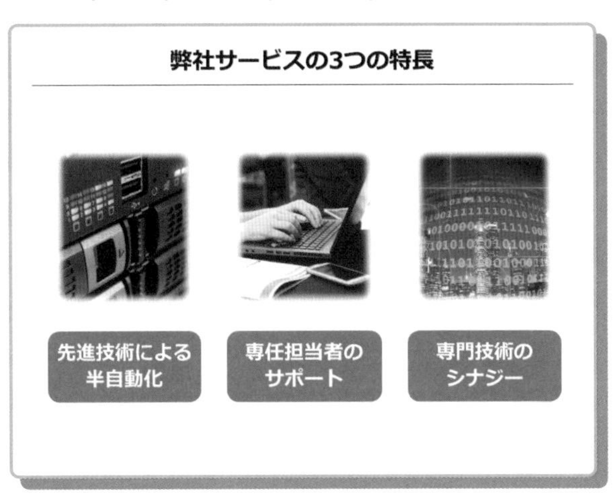

❸ Pixabay 多数の商用利用可能な無料写真素材

さまざまなジャンルの美しい写真を無料でダウンロードできるサイトです。画像の点数は膨大ですが、日本語でキーワード検索ができるので簡単に目的の写真を探せます。画像は複数のサイズから選べるので、用途に合わせて使い分けるとよいでしょう。写真がメインですが、イラストや動画もあります。

» https://www.irasutoya.com/

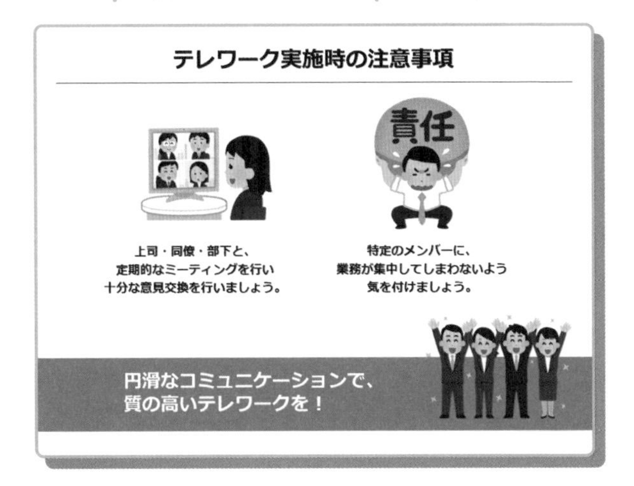

❹ いらすとや ビジネス系も充実のイラスト素材

イラストレーターのみふねたかしさんによる、イラスト素材サイトです。かわいらしいタッチですがクセがないため、社内マニュアルや資料作成にも使いやすいです。ビジネス系も多く、「賃金格差のない会社員のイラスト」や「雨の日に外回りをする男性会社員のイラスト」など、細かいシチュエーションごとにイラストが用意されています。

INDEX

索引

岸 啓介 | Keisuke Kishi |

1975年生まれ。横浜市在住。慶応義塾大学法学部卒。SBテクノロジー株式会社のシニアコーポレートアーティストとして、ビジネスにまつわるデザイン表現全般に広く関わり、特に各種資料の見やすさ・分かりやすさに注力している。また、社外では作家としても活動。第3回文化庁メディア芸術祭デジタルアートノンインタラクティブ部門大賞受賞。ストーリー原案・コンセプトデザインを担当したアニメーション「九十九」が第86回アカデミー賞短編アニメーション部門にノミネートされた。

岸啓介読本

▶ https://www.kekishi.com/

STAFF

装丁・本文デザイン……………細山田光宣＋松本 歩
（細山田デザイン事務所）
イラスト…………………………山内庸資
DTP………………………………柏倉真理子
校正………………………………聚珍社
編集担当…………………………宇枝瑞穂
編集長……………………………和田奈保子

本書の記載は2024年 1 月時点での情報をもとにしています。そのためお客様がご利用される際には、情報が変更されている場合があります。紹介しているハードウェアやソフトウェア、サービスの使用方法は用途の一例であり、すべての製品やサービスが本書の手順と同様に動作することを保証するものではありません。あらかじめご了承ください。

■商品に関する問い合わせ先

このたびは弊社商品をご購入いただきありがとうございます。
本書の内容などに関するお問い合わせは、下記のURLまたは
二次元バーコードにある問い合わせフォームからお送りください。

https://book.impress.co.jp/info/

上記フォームがご利用いただけない場合のメールでの問い合わせ先
info@impress.co.jp
※お問い合わせの際は、書名、ISBN、お名前、お電話番号、メールアドレス に加えて、「該当するページ」と「具体的なご質問内容」「お使いの動作環境」を必ずご明記ください。なお、本書の範囲を超えるご質問にはお答えできないのでご了承ください。

- 電話やFAX でのご質問には対応しておりません。また、封書でのお問い合わせは回答までに日数をいただく場合があります。あらかじめご了承ください。
- インプレスブックスの本書情報ページ https://book.impress.co.jp/books/1123101071 では、本書のサポート情報や正誤表・訂正情報などを提供しています。あわせてご確認ください。
- 本書の奥付に記載されている初版発行日から3年が経過した場合、もしくは本書で紹介している製品やサービスについて提供会社によるサポートが終了した場合はご質問にお答えできない場合があります。

■落丁・乱丁本などのお問い合わせ先

FAX：03-6837-5023
service@impress.co.jp
※古書店で購入された商品はお取り替えできません。

一生使えるプレゼン上手の資料作成入門 完全版

2024年2月21日　初版発行

著 者　岸 啓介
発行人　高橋隆志
発行所　株式会社インプレス
〒101-0051　東京都千代田区神田神保町一丁目105番地
ホームページ　https://book.impress.co.jp/

印刷所　シナノ書籍印刷株式会社
ISBN978-4-295-01852-0 C3055
Printed in Japan